HISTORY OF SCIENCE AND THE PUBLIC

科学史与公众

江洋 著

北京理工大学出版社
BEIJING INSTITUTE OF TECHNOLOGY PRESS

图书在版编目（CIP）数据

科学史与公众/江洋著．—北京：北京理工大学出版社，2020.3
ISBN 978-7-5682-8212-3

Ⅰ．①科… Ⅱ．①江… Ⅲ．①科学史-研究②科学技术-传播学-研究 Ⅳ．①G3②G206.2

中国版本图书馆CIP数据核字（2020）第037340号

出版发行／北京理工大学出版社有限责任公司
社 址／北京市海淀区中关村南大街5号
邮 编／100081
电 话／（010）68914775（总编室）
（010）82562903（教材售后服务热线）
（010）68948351（其他图书服务热线）
网 址／http：//www.bitpress.com.cn
经 销／全国各地新华书店
印 刷／保定市中画美凯印刷有限公司
开 本／710毫米×1000毫米 1/16
印 张／12.5
字 数／192千字
版 次／2020年3月第1版 2020年3月第1次印刷
定 价／58.00元

责任编辑／刘兴春
文案编辑／李丁一
责任校对／周瑞红
责任印制／王美丽

目 录

第1章 科学史：在科学与公众之间

1.1 科学史面向公众的学术与现实背景

1.1.1 科学史自身发展的需要

从科学史的发展历史来看，无论是研究内容、研究方法还是研究视角都处在不断地变化之中；同样，科学编史学在研究目的、研究功能、研究纲领等方面也处于不断地变化之中。20 世纪 50 年代以来，随着科学技术的长足进步和迅猛发展，科学技术对社会的影响日益扩大和显著，特别是进入 20 世纪 90 年代以来，科学技术更是渗透到了社会的各个角落，不仅深深影响着政治、经济、文化各领域，也与每个人的生活息息相关。一方面，随着科学技术不断向"大科学"发展的趋势，与科学技术相关的事务越来越成为一个国家的最重要课题之一。进一步地，与科学技术事务相关的决策也越来越成为国家决策中至关重要的组成部分。这种科技决策，不仅对国家，也对社会中的每一个公民产生着重要的影响。在民主化进程不可阻挡的国际趋势下，相应地，公众应该也必须参与到科技事务的决策中去。另一方面，随着科学技术的发展，其风险性和不确定性也在增加，其后果往往需要由公众承担，这就需要赋予公众对与科学技术相关事务有参与和监督的权力。第三方面，随着科学技术的“生活化”以及公民受教育程度的普遍提高，科学越来越成为一种消费，公众对科学技术的需求也日益增长。从这三个方面的发展趋势来看，我们会得出一个显而易见的结论，科学需要公众的参与，公众需要对科学的理解。近年来，科学传播兴起并蓬勃发展，正是这种趋势的明证。在这种情况下，为科学传播的发展提供坚实的理论支撑就是学术界一项重要而迫切的任务。科学史作为科学的文化研究中重要的一支，面对这种时代的趋势，应该发挥自身的特点和优势，在科学与公众之间搭起桥梁。

就科学史自身的发展而言，科学史的研究目的、功能和价值始终是科学编史学的一个重要课题。从古希腊时期科学史作为萌芽诞生之初，到20世纪初科学史作为一门学科的建立，再到今天科学史与现代教育改革的结合，在整个科学史发展的过程中，科学教育始终是科学史最重要的功能之一。而在当今这样一个“泛科学化”的时代，科学教育早已不能仅仅局限于学校的正规教育，也应该最大范围地包括科学的大众传播（包括政府与公众之间的传播，媒体与公众之间的传播，科学共同体与公众的传播等)。科学史必须顺应时代的发展，对研究目的与功能进行拓展和突破，加强科学史的应用研究，为自身的发展寻求新的空间与价值。

1.1.2 科学传播理论和实践发展的要求

科学传播作为一个近年来备受关注的热点，在国内外都蓬勃发展着，但作为一个新兴的交叉型研究领域，目前无论在理论上还是实践上都缺乏坚实的理论支撑和指导。从传播学的角度而言，科学传播作为传播学的一个分支，有着不同于其他分支的特殊性，即科学传播面对的是科学技术这一高度专业、系统而复杂的传播内容，仅仅依靠传播学自身的理论显然是远远不够的，这也是国内外学术界都不约而同地把科学传播纳入STS领域中的重要原因。STS研究包括科学史、科学哲学和科学社会学三大基石，正像国内有的学者指出的那样：“三种学问综合起来有助于全面揭示科学的本来面目，是从事现代科学传播工作的前提。科学传播急需相关的理论建设，必须从科学文化研究中汲取养分。”（刘华杰，2000a)

科学史作为科学文化研究中重要的一支，在对科学传播的借鉴和指导价值上，有其特殊的优势。一方面，科学史本身就是科学传播恰当、优质的传播素材，其史学材料可以大大丰富科学传播的内容；另一方面，在沟通科学文化和人文文化两种文化，促进科学的人性化方面，科学史更能起到一种桥梁和纽带的作用。比如科学史"可以展示科学知识在应用的过程中'去标准化'与'重新地方化'的可能与案例，促进科学的人性化利用"（蒋劲松，2007）。再者，科学史内含的科学观、历史观以及其他先进或前沿的科学文化理念，更是科学传播可以也应该汲取的营养。科学传播，不仅需要科学家的参与，也需要科学史家的参与。

1.2 相关的国内外研究现状

1.2.1 科学编史学中的相关研究

对科学史的教育及传播功能进行编史学考察，离不开对既有科学编史学特别是科学史的功能研究概况具备相应的了解。相对于一阶的科学史研究而言，科学编史学研究在国内外都属于相对薄弱的环节。其中赫尔奇·克拉夫（Herch Kragh，2005）的《科学史学导论》、A·G·狄博斯（A. G. Debos，2000）的《科学与历史》、K·盖夫罗古（K. Gavrogu，1994）等人的《科学编史学的发展趋势》是科学编史学的较有代表性的著作或论文集，其中对科学史的功能、目的、客观性、意识形态以及对原始材料的分析与评价、科学传记的撰写等内容进行了分析，对西方科学史的发展脉络进行了较为系统的梳理；同时，还就西方科学史研究的新趋势进行了介绍和分析。这些既有的工作对于有关科学史传播功能的研究的合理定位有重要的作用。这一定位包括两个方面：一是纵向上将其定位在整个科学史研究发展链条的某个环节；二是横向上将其定位在整个科学史研究各种进路网络中的某个节点。

国内科学史界的科学编史学方面的著作或者编著主要有刘兵的《克丽奥眼中的科学》、吴国盛的《科学思想史指南》和袁江洋的《科学史的向度》。三部著作各有不同的特点。《克丽奥眼中的科学》（刘兵，1996）对西方科学史发展的大致线索、历史的辉格解释与科学史、科学哲学与科学史、科学史中的“科学革命”、女性主义与科学史等内容进行了分析和总结。尤其是该书对科学史教学的相关发展历史、科学史教学的目的和意义以及科学史应用于教学的困难等问题进行了论述。该书认为，在科学史公认的诸多功能中，教育方面的功能是其中重要的一项。在历史上，将科学史及其相关的科学哲学融入教育当中，有着漫长的发展过程，并随着科学史学这门学科自身的发展和人们对之认识的不断加深而持续变化着的。该书从四个方面讨论了科学史的教育功能：科学史教育对于科学教学本身的帮助；科学史教育帮助学生认识到作为一种文化的科学；科学史教育对认识科学与社会之关系的重要性；科学史教育对培养学生社会责任感的作用。该书还探讨了科学史应用于教学中的教材和教师问题。《科学思想史指南》（吴国盛，1994）是编译的著作，集合了库恩、萨克雷、柯瓦雷、巴特菲尔德、霍尔、布拉什六位著名的科学史家在国际科学史界极有影响的论文，重在介绍西方经典作者的科学史理论研究，包括科学史学科的发展以及编史学方法的演变，并特别突出了思想史学派的编史学纲领。《科学史的向度》（袁江洋，2003）则从科学史的向度分析入手，探讨了科学史的历史向度、科学哲学向度、社会学向度和科学向度，以及走向一种新的综合的路径和可能性。

除著作之外，国内在科学编史学领域还产生了一些论文成果。较为集中关注科学史理论研究的有山西大学的邢润川、魏屹东等学者，他们对科学史的学科框架、方法论原则、内外史研究的关系、科学史的语境分析等问题进行了相对全面的讨论。此外，邱仁宗、李醒民、江晓原、刘兵、张明雯等学者对于科学史研究的价值与意义、科学史的内外史研究、科学史的辉格解释等问题进行过专门的讨论，刘华杰等一些学者对于建构论、SSK、科学传播及其与科学史研究的关系也进行了一定的关注。值得指出的是，近几年来，清华大学的科学史研究中，有一支科学编史学的研究力量。在刘兵教授的倡导下，一些年轻的研究者对女性主义、人类学、建构主义、修辞学等后现代编史学进路开始关注并进行了较为深入和系统的研究，相应地产生了一系列博士论文（章梅芳，2007；卢卫红，2008；王哲，2009；谭笑，2009），这些论文为国内科学编史学研究拓宽了视野，开创了新的局面。

1.2.2 科学教育界的相关研究

科学教育是近年来国际教育界普遍关注的热点问题，很多教育学学者从教育学的角度对科学教育的理念、目的、方法、手段、走向等问题进行了探讨。目前国际基础科学教育研究与改革的一个前沿性课题，是如何通过科学教育使学生获得对科学本质的理解，促进学生健康的科学观的形成，从而不仅使学生学到科学知识和基本技能，而且能够培养学生的科学精神和创新能力。而把科学史及其相关的科学哲学、科学社会学融入科学教学当中，是一个非常重要且有效的方法，这一看法在国际教育界已达成共识。很多教学界学者关注到了科学史及其相关科学哲学、科学社会学等在科学教育中的意义，产生了不少专著和论文，这些对研究科学史的教育功能有直接的参考价值，对研究科学史的科学传播功能也有较大的借鉴意义。

20 世纪 80 年代中期，HPS 的概念在科学教育界兴起，HPS 即 History and Philosophy of Science；后来又加入科学社会学，将 HPS 扩展为 HPSS（History Philosophy Sociology of Science）。许多学者积极倡导将 HPS/HPSS 融入科学教育当中，代表性的人物是澳大利亚科学教育学者马修斯（Matthews）。

马修斯关于将科学史和科学哲学纳入科学课程与教学的主张集中反映在他的专著《科学教学：科学史和科学哲学的作用》和一些发表在以《科学教育》为代表的期刊上的论文当中（1992，1998a，1998b）。从这些专著和论文中可以总结出马修斯认为科学史融入科学教育的意义主要有七个方面：

（1）科学史可以激发学生的学习动机，吸引学生投入科学的探究；

（2）科学史可使教材更具人性化；

（3）借助于探索科学概念的发展与精致化的过程，可促进学生对科学概念的理解；

（4）在理解重要的科学史案例的过程中，可使学生认识科学的本质；

（5）科学史可以使学生了解科学知识的不确定性、可变性，因而目前人们对科学的理解也具有可转变的特性；

（6）科学史可以使学生认识到科学家之间也会发生争论；

（7）科学史能够展现出科学方法的发展历程，使学生对科学方法的本质有更深刻的认识。

除马修斯以外，文德森（Wenderson）、麦克唐纳（MacDonald）、史特克尔（Stecker）、森切斯（Sanchez）、加雷森（Garrison）、劳伟（Lawwill）、霍德森（Hodson）、迈尔拉（Millar）、乔维尔（Driver）、吉尔（Gil）、苏安比（SoIbes）、欧乔罗迪（Oldroyd）、所罗门（Svloman）、达维尔（Duveen）、斯科特（Scott）、梭特兰德（Shortland）、沃德维克（Warwick）等学者都对科学史对于科学教育的意义、影响和渗透进行了研究，他们的观点大致可以归纳为以下几类：

（1）科学史可以帮助学生学习和理解科学知识与方法；

（2）科学史有助于学生理解科学的本质；

（3）科学史能够增加学生对科学、科学家及其工作的兴趣；

（4）科学史能够促进学生与科学与社会关系的理解；

（5）科学史能够提供贯通科学文化与人文文化的桥梁。

教育心理学的研究也为科学史对科学教育的意义提供了支持和依据。迪昂首先注意到了科学史的发展与个体的科学观念发展之间的类同，著名教育学家和心理学家吉恩·皮亚杰（Jean Piaget）在其发生认识论的研究中，更深入地发展了相似的观点。吉恩·皮亚杰认为，发生认识论的基本假定，就是科学的知识演化与相应的心理发展过程之间的并行性（刘兵，1996）。

近年来，我国的科学教育界也对科学史及其相关的科学哲学、科学社会学融入科学教育进行了关注和研究，这些工作主要集中在对西方学者研究成果的介绍和引进，也在一定程度上结合了国内基础科学教育改革的实践情况进行了本土化的研究，代表性学者有丁邦平、袁维新等。首都师范大学的丁邦平教授是最早将 HPS 这一概念引入国内科学教育界的学者之一，他十分关注 HPS 融入科学教育的国际动态，在《比较教育研究》《教育研究》《全球教育展望》等刊物上发表了一系列相关的论文（2000，2001a，2001b，2002b），代表性的论文有《HPS 教育与科学课程改革》

(2000)、《科学元勘与科学教学的两种模式》(2001b) 等，并在2002年出版的学术专著《国际科学教育导论》中，对HPS融入科学教育的问题进行了专门论述 (2002a)。丁邦平将HPS在科学教育中的作用归纳为四个方面：第一，在科学课程中加入教育的内容，为原来非人文化的科学课程提供了人文化的因素；第二，HPS教育可以起到沟通“两种文化”的作用，因为HPS课程内容可以构成文、理科学生学习的共同基础；第三，把HPS教育纳入科学课程中还有助于克服科学教育中的一些问题，如学生缺乏学习科学的动机、女生不愿学习科学、公众对科学的厌倦和冷漠态度，以及学生对科学在历史、文化和社会中的地位理解不足，等等；第四，是最为重要的一个方面，科学课程中有了HPS的内容可以使学生更好地把握科学本质，对科学树立全面、辩证的认识 (丁邦平，2000)。

淮阴师范学院的袁维新教授也是国内科学教育界研究科学史与教育结合问题的代表性学者，他主要对西方科学教育界的研究成果进行了梳理和分析，在《教育科学研究》《自然辩证法通讯》等刊物上发表了多篇论文 (2004，2005，2006a，2006b，2006c，2010)，对科学史融入教育的历史，科学史的教育价值、教学模式，科学史融入科学教学的原则、方式、策略等问题进行了较有规模和系列的探讨。

此外，广州师范学院的魏冰 (1999)，华东师范大学的陈小鸥 (2005)、胡诚 (2006)，分别对科学史与科学哲学在科学教学中的意义和应用、中美中学教育中的科学史教育、HPS融入科学课程的教学价值和教学模式进行了研究，他们的研究成果发表在《比较教育研究》等刊物的论文以及硕士学位论文中。

除科学教育界外，国内科学史界也对科学史的教育功能给予了相当的关注。刘兵教授是国内较早关注科学史在科学教育中应用的学者。如前所述，刘兵教授在1996年出版的科学编史学专著《克里奥眼中的科学》一书中，就有一章专门论述科学史教学，分别探讨了科学史与教育结合的发展，科学史教学的目的和意义以及科学史教学的困难，还专门分析了科学史教学中教材和教师的情况。此外，刘兵教授还在《自然辩证法研究》《科学学研究》等刊物上发表了多篇论文，讨论科学史在基础教育改革的意义和影响 (1997，2002a，2002b)。在这些论文中，刘兵教授分析了美国的“2061 计划”和《国家科学教育标准》当中设立的有关科学史、科学的本质以及科学与社会的相互影响等内容的要求，指出这些著名的教育改革计划中的科学史及其相关内容要求，正是将科学史融入科学教育这一科学教育理念的具体实践；同时分析了我国中学物理教学大纲中的科学史内容，并指出了我国科学教育在这方面与西方的差距。2008 年，刘兵教授还与笔者合作出版了专著《科学史与教育》，从科学史与科学教育、人文教育、专业教育三个方面系统梳理了科学史对教育的意义与影响，该书也是刘兵教授多年来对科学史的教育功能的关注和研究的集中体现。

1.2.3 科学传播理论与实践研究

科学传播是近年来国际国内都蓬勃发展的一个交叉领域，首先，它受到 20 世纪 50 年代以后兴起的传播学理论与实践的影响；其次，作为一个新兴起的交叉领域，它也受到了社会学、政治学、政策学、风险评估等来自人文社会科学领域的其他学科的广泛影响；最后，它还受到科学史、科学哲学、科学社会学、科学知识社会学等以科学技术为对研究对象的科学元勘领域的广泛关注，产生了比较丰富的研究成果。研究科学史对于科学传播的影响、科学传播理论自身的兴起和发展无疑是讨论的一个必不可少的前提，也是本研究的基础理论背景。

科学传播概念本身有着比较复杂演变的过程，就广义的科学传播而言，还包括与此密切相关的科学普及、公众理解科学、科技传播等，本研究正是在最广泛的意义上讨论科学传播，所以这些相关概念的理论讨论都是本研究关注的重要对象。

西方科学传播理论与实践的研究，除了“科学传播”这一概念外，还常以“公众理解科学”“科学素养”等概念出现。研究成果主要集中于 Public Understanding of Science 和 Science Communication 等刊物上。关注这一类问题的研究者除了专业领域的科学传播研究者以外，还包括传播学者、科学社会学者、科学哲学学者、社会科学者、媒体研究者等。代表性的学者有乔恩·米勒（Jon Miller）、约翰·杜兰特（John Durant）、布赖恩·温（Brian Wyn）等。乔恩·米勒是科学传播研究中“公众理解科学”传统定量研究的旗帜性人物，他开创的米勒体系作为最著名的科学素养定义及测量体系在世界范围内得到了广泛的应用。米勒体系自诞生以来，也引发了许多学者对其的研究和批判，并由此派生出一系列围绕米勒体系的批评、改进、修正工作（乔恩·米勒，1983，1987，1998，2004）。

约翰·杜兰特是著名的理论模型“缺失模型”的提出者，在科学传播研究中引入了社会学研究方法，建立了一整套成熟的调查和统计分析方法。尽管“缺失模型”遭到学者们的强烈批判，但是它在理论上和方法上都为科学传播研究奠定了重要基础，20 世纪 90 年代之后的科学传播研究，在很大程度上是建立在对“缺失模型”批判的基础上发展起来的（约翰·杜兰特，1985，1989，1991，1994，1995）。

布赖恩·温是“缺失模型”之后另一个著名的理论模型“内省模型”的提出者，也是科学传播领域中案例研究的代表性人物。他通过“坎布里亚羊”案例研究，主张公众具有的“地方性知识”在科学传播中的作用，并强调“与境”的重要性，提出“与境即知识”，进而提出“与境模型”（布赖恩·温，1991，1992a，1992b，1993，1995，1996，2005）。

日本是高度重视科学技术普及的国家，其科普工作也极具特色，形式灵活，内容丰富，自 20 世纪 50 年代以来取得了卓越成果。日本学者对以科学启蒙和普及为特色的科普工作进行了相应的梳理和总结（藤垣裕子等，2008）。另外，日本自“二战”以来，关于科学技术及其社会的关系，形成了独具本国特色的研究领域——“科学论研究”。在“科学论研究”中，始终有一个分支，关注科学与公众的互动关系问题。例如 20 世纪 70 年代随着“公害问题”的爆发，由当地居民发起从而引发全日本公民参与的“科学的市民运动”；再如围绕着核能的开发与利用问题，日本政府和公众之间展开的双向交流，即“技术的社会接受”活动，这些在广泛的意义上都可以看作日本特色的科学传播实践活动。

日本学者在“科学论研究”领域中对这些本土化的科学传播实践活动进行的探讨是日本科学传播研究的一大亮点。20 世纪 90 年代以来，日本学者从西方引入了公众理解科学、科学传播理论以及“共识会议”“科学咖啡馆”等公众参与科学的新实践形式，与本国原有的本土化理论及实践相结合，也产生出一系列研究成果。代表性的学者有小林传司、藤垣裕子、杉山滋郎、中岛秀人、金森修、井山弘幸、木场隆夫等，代表性的著作有藤垣裕子（2005）的《科学技术社会研究技法》，金森修等人（2002）的《当代科学论》，中岛秀人（2006）的《日本的科学技术向何处去》，小林传司（2004）的《谁来参与科学技术》等。其中，《科学技术社会研究技法》首先对日本科学与公众关系领域中的著名案例“水俣病问题”“痛痛病问题”“文殊号核反应堆钠泄漏事件”“爱滋病病毒感染事件”“食品安全问题”“医疗垃圾问题”以及“全球变暖问题”进行了细致的考察，然后提出了案例的分析方法问题，特别提出引入西方 STS 领域前沿理论来验证本土案例的观点，如“社会建构论”“技术的社会塑型”“实验室研究”“知识权力的结构与分配”等。

《当代科学论》是日本学者对当代 STS 领域的前沿和热点问题的研究合集，其中包括科学知识社会学（SSK）研究、实验室的人类学研究、技术的社会塑型、科学政策研究、争议性科学问题、科学的文化研究等。需要指出的是，该书还用了两章的篇幅专门论及科学教育以及科学传播中的公众与专家对话的可能性问题。

《日本的科学技术向何处去》从当代科学技术面临的问题和困惑出发，探讨了科学技术的迷途、日本科学技术的现状、原有科学知识体系的瓦解，以及如何建立新的为了社会和人类的科学知识体系，特别强调了科学史和科学哲学在解决科学技术危机以及新体系建立中的作用，其中也专门探讨了科学技术的公共性问题。

另外，2005 年，在日本文部科学省的倡导和资助下，东京大学、北海道大学、早稻田大学分别开展了“科学传播人才培养计划”等计划，在这些计划下，进行了一系列科学传播实践活动，并产生了一批研究著作，主要有北海道大学科学技术传播人才培养计划小组（2007）编著的《开始吧！科学传播》，藤垣裕子（2008）等人的《科学传播研究》等。作为邻国的研究成果，这些将西方先进理念与日本特色紧密结合的科学传播理论对研究我国的科学传播理论大有裨益。

科学传播在中国有两种传统的类型：科学普及和科技新闻。前者从近代科学向中国的移植和传播就开始了，可以说，“近代科学在中国的发展史同时也是一部西方科学在中国的传播史”。科学普及在中国的发展，主要来自政府的重视和直接领导。“科技新闻是随着 20 世纪 80 年代以来新闻学、传播学的恢复、引进而发展起来的。在短时间内，科技新闻这一传统迅速得到建制化发展，一些高校成立科技传播系或者科学传播专业”（刘华杰，2002）。国内科学传播的两大传统分别有各自的历史背景和历史意义，但是在科学高度的不确定性和风险性日益凸显，同时向“社会化”“生活化”“商业化”迅速发展的当代，这两大传统类型都无法满足科学与公众互动的需要。引进西方先进的科学传播理论，结合本国的具体实践，发展顺应时代变化的科学传播理论与实践研究，是国内科学传播研究者共同的目标。

在这种背景下，近年来，国内STS领域的研究者进入了科学传播研究领域，产生了相当数量的成果。多所高校的科学传播专业依托科学史、科学哲学研究机构成立；中国自然辩证法研究会也开始筹备成立科学传播与科学教育专业委员会；清华大学与中国科协合作，依托清华大学科学技术与社会研究所，成立了中国科协与高校联合建立的唯一的科普研究机构——中国科协—清华大学科学技术传播与普及研究中心，这些都是国内科学的文化研究与科学传播全面结合的标志性举措。另外，北京大学、清华大学、中国科学院大学、中国科学技术大学等多所大学和中科院科学史所以及中国社会科学院哲学所的许多科学史、科学哲学、科学社会学学者也都参与了中国科协的“2049行动纲要”的研究与制定。从这些方面看来，我国科学传播和普及事业已经进入了新的良性发展阶段。

在国内科学的社会文化研究与科学传播研究的结合上，出现了较为明显的两种进路，一种以民间研究为主，另外一种则以与国家目标和任务相关的研究为主，当然也有学者游离于这两种进路中。第一种进路的研究，以刘华杰、吴国盛、刘兵等为代表，第二种进路的研究则以曾国屏、任定成、李大光等为代表。另外，第一种进路的学者中如刘华杰，第二种进路中的学者如任定成都有交叉的两种进路的研究。

国内STS界关于科学传播研究代表性的专著，早期最有代表性的是翟杰全的《让科技跨越时空：科技传播与科技传播学》。该书比较系统全面地对科技传播的概念、历史、结构、模型、功能等问题进行了阐述，为国内研究者在该领域的后续研究打下了基础。任福君、翟杰全的《科技传播与普及概论》更为系统地讨论了科学传播的理论与实践问题，包括科技传播与普及的基本概念和相关理论问题，我国近年来科技传播与普及的发展情况，科普实践活动项目的组织实施和监测评估问题，科技传播与普及的发展特点和趋势，科技传播与普及研究的重要方向和课题等。

此外，国内的科学传播理论与实践研究，还形成了多种特色。例如，在科学传播中强调全社会的科学文化建设，并认为在科学文化建设的过程中，应重视一般公众和持批判立场的学者的作用。前面提到的第一种进路的学者在这一研究特色下发表了一系列论文；再如，在科学传播中注重科学传播与产业的关系，从产业的角度出发研究科学传播的实践活动，强调产业的不可或缺，认为如果不依托产业，科学技术就无法真正深入到公众的生活当中。在后一种研究特色中，曾国屏是代表性学者。在他的带领下，科普文化产业的研究产生了一系列论文成果，如《关于科普文化产业几个问题的思考》(2010)、《科普与文化产业间的作用结合机制探析》(2009)、《对科普文化产品经典之作〈铁臂阿童木〉的回顾和思考》(2008) 等。

在定量研究方面，国内科学传播研究领域相对薄弱，但是以中国科协的“2049 行动纲要”为契机，在全国公民科学素质建设广受关注的背景下，公民的科学素质测量问题成为重要的研究对象。清华大学李红林的博士论文《公民科学素质测量的理论与实践研究：以米勒体系为线索》（李红林，2009)，对公民科学素质测量涉及的核心概念及理论进行了细致的讨论，构建了公民科学素质测量的实践与理论研究的分析框架，并选择当前国际上最主流的测量方式——米勒体系作为主要分析对象，结合米勒体系在中国的应用结果和整体情境的分析与思考，概括出“生活科学”概念，由此带来对于我国公民科学素质建设和测量的政策思考。

1.3 科学史与公众结合的价值

1.3.1 推动科学史的功能研究，促进应用科学史研究的发展

本研究的定位是侧重于应用研究的科学编史学与科学传播的交叉研究。科学编史学研究主要解决科学史研究的一些基础理论问题，例如科学

史研究的目的、科学史研究的范围和功能问题、科学史研究的客观性问题、科学史的描述与解释问题等。其中，对科学史的功能进行尝试性的拓展、突破和补充，是科学编史学的重要内容之一。

广义的科学传播包括科学教育和科学的公众传播；狭义的科学传播是指科学的非正规教育，即科学在非学校场所的公众传播。本研究讨论的科学传播是在前者的意义上的广义的科学传播。关于科学史的功能，以往教育界和科学史界讨论较多的是科学史对教育特别是正规教育的意义，对于非正规的科学的公众传播则几乎没有人涉及。

科学史对于科学传播的意义这一应用研究的核心是引入了科学的公众传播这一新的视角，它是史学与传播学的结合。科学史的传播功能研究与传统的科学史功能研究相比，其独特之处至少包括两点：一是批判的分析维度，二是引入传播学的分析视角。

本研究通过将科学史对科学传播理论与实践活动的指导、影响和可能的意义进行分析和总结，以此达到对原有的科学史功能的拓展、突破和补充，对于推动科学史的功能研究、应用科学史研究、科学编史学研究，乃至促进整个科学史学科的发展和科学史研究的兴盛都具有重要意义，尤其是在国内学界对科学编史学有所忽视的情况下，更是如此。

1.3.2 加强科学传播的理论基础，促进科学传播实践活动的发展

科学传播在国内外科学传播学术界及科学传播实践活动中是一个多义、含混而复杂的概念，它自身经历了一个独特的演变过程。以中国为例，科学普及、公众理解科学、科学传播，三个概念体现了传播的立场、主体、对象、内容、机制与理念上的本质差别。就像国内有的学者所说，正如科学哲学从逻辑实证主义到历史主义，再到后现代主义一样，科学传播理念也需要发生这样的变革（蒋劲松，2007）。从广义上讲，科学传播本身从属于科学的文化研究范畴，它的发展与转变与科学史、科学哲学、科学社会学研究的发展无疑有着千丝万缕的联系。就科学史而言，科学史研究的成果带来的科学观、历史观、研究纲领的变化，这些对科学传播的理念都有着直接的影响。在科学传播领域，因其政治、社会、文化背景的

变化，也发生了从缺失模型到对话模型，再到参与模型的变革，科学史研究在公众理解科学这三个模型变化过程中起着直接或间接的影响。对这些影响加以梳理和分析，对加强科学传播的理论基础，反思与批判原有的科学观及科学传播观，建立新的科学观与科学传播观，有着重要意义。

从实践层面看，科学传播界近年来不断进行着对一些有强烈争议性的热点问题的讨论，比如西方以“科学大战”为代表的科学与人文之争，国内的科学主义、反科学主义之争，伪科学问题，敬畏自然的讨论等。这些都是原本从科学的文化研究领域诞生，因讨论对象受到社会的广泛关注，从而逐渐走向媒体，成为走向大众的科学文化问题。在这些纷扰的争论背后，以科学史学者的视角分析科学史在其中的作用，以及对其可能产生的影响，对于科学传播的实践工作无疑是十分有益的。另外，政府主导的科学传播实践活动，如科普场馆的建设与利用，围绕着科学技术争议问题开展的听证会等；市场主导的科学传播实践活动，如商业性的科普作品等；大学、研究机构或民间团体主导的“共识会议”“科学咖啡馆”等科学传播活动新形式……在这些具体的实践活动中都渗透着相关的科学观和科学文化理念，对科学史在这些实践活动中产生的作用和影响进行分析，有利于科学传播实践活动更好地利用科学史进行发展。

1.4 科学史对科学传播的影响

追溯科学史理论和科学传播理论的发展脉络，可以发现二者具有相关性和一致性。正是在相当程度上借助于科学史研究的成果，科学传播理论界和实践者才逐渐深化了对科学的认识，并由此影响了科学和公众的关系并推动了科学传播理论的变迁。

1.4.1 人文元素的加入

以启蒙运动为发端，整个18、19世纪，直到20世纪前半叶，科学通过与技术的结合，在两次产业革命的历史作用下，极大地推动了社会的发展，并由此建立了自己的地位和威望。这一漫长时期的科学启蒙、普及和传播活动，主要推崇科学理性，人文和历史元素呈现出缺失的状态。

在科学的领域引入人文元素，是从萨顿开始的。萨顿认为，科学是充满人性的，无论从其起源、发展过程，还是从其结果来看都是如此，科学与人文是统一的，而两者之间的桥梁就是科学史。萨顿始终把这一信念贯彻于自己的科学史研究工作中，力求一种“真正的”“人性化的”科学史。萨顿认为研究科学史的第一理由就是“分析文明的发展，也就是了解人”，即强调科学史的人文主义价值，通过科学史来揭示“科学深邃的人性”。在萨顿看来，“无论科学可能会变得多么抽象，它的起源和发展的本质却是人性的”，“没有同人文学科对立的自然科学，科学或知识的每一个分支一旦形成都既是自然的也同样是人的”（萨顿，1989）。他进一步指出：“科学的历史，如果从一种真正哲学的角度去理解，将会开拓我们的眼界，增加我们的同情心；将会提高我们的智力水平和道德水准；将会加深我们对于人类和自然的理解。”

萨顿的新人文主义思想，通过科学史将科学与人性和价值联系在一起，对于科学及科学家在公众心目中形象的建立和重构产生了重要影响。

1.4.2 帮助科学知识的普及

科学史和科学知识本身存在密切关系。不仅科学史的研究对象涉及很多基本概念、命题、假说、理论等科学知识，并且科学史能够展示科学知识的前因后果和来龙去脉。科学史的这一特点使它能够帮助科学知识的学习和理解。一方面，科学史有助于人们对抽象科学概念的学习和理解。从科学史出发了解抽象科学概念产生和演变过程中具体的事件或人物，有利于人们理解和掌握科学概念。特别是在新兴学科领域，其基本概念不仅更为抽象，而且常常是通过移植或改造相关学科领域内的其他科学概念而形成的，对一般受众而言，不结合科学史很难深入理解。另一方面，科学史有助于人们把握科学知识的整体。科学知识是一个有着内在联系的有机整体，这个体系是在历史演变的过程中形成的，从科学史入手了解科学知识体系更为清晰和直观。科学史能够帮助人们理解不同科学理论之间的相互联系，了解各个理论提出的背景、面临的问题、解决的问题和遗留的问题等，由此，使人们对科学的认识不只停留局部的、片段式的结论的层面，而是上升到作为整体的科学知识。此外，科学史可以激发人们学习科学知识的兴趣。科学史提供的生动案例能够引起人们的关注，调动人们的积极性，从而扩大科学知识的普及范围，提高普及效果。

1.4.3 利于科学方法的倡导

科学方法，通常是指从事科学研究所采用的方式和手段，它既是人类认识自然、获得科学知识的程序或过程，也是科学实践和思维的基本规律的重要体现。科学方法是科学素养中最重要的内容，科学传播的重要内容之一就是倡导科学方法。科学传播的重要意义之一在于理解科学方法并应用这些科学方法解决生活和工作中的现实问题。在科学研究活动中，科学家要运用一定的方法、遵循一定的原则和程序。科学史上的科学家取得的成就，往往与他们运用了新的、有效的研究方法有密切关系。科学理论的探索很大程度上可以看作是对科学方法的探索，科学理论的突破常常伴随着科学方法的突破，伟大的科学理论的诞生，往往伴随着科学方法的革命。随着新的科学方法广泛地影响和渗透到各个学科领域，科学家观察和处理问题获得了新的维度或视角，科学研究随之得到发展。

科学史教育是倡导科学方法的有效手段。科学史在一定意义上体现为科学方法的历史，有极为丰富的典型案例。在科学研究过程中，许多科学家都在思维方式和研究方法上别具特色，这些都是在科学教育中倡导科学方法的优质资源。学习科学史，人们不仅能了解科学方法，而且还能进一步了解科学方法产生、发展的历史，从而更深入地理解和应用。

1.4.4 促进科学思想的传播

科学思想一般指对科学现象或科学过程的认识、见解及基本观点、观念，它是通过对研究对象进行整体考察和理性思考的结果。科学思想是科学的灵魂。科学思想提供了理论思维和逻辑推理的基础和工具，指导着科学家的实验研究和理论创新。通常，一个科学理论体系的建立，往往是对一种新的科学思想的发现和运用的体现。

科学史在某种意义是也是科学思想、科学观念演变的历史，这些科学思想主要来自科学家的科学实践活动。如果不了解科学家科学活动的历史，就难以理解他们的科学思想。学习科学史是了解科学家活动并进而理解科学思想的好方法。在科学史上，一些伟大科学家都有自己独到的科学思想，这些思想体现在科学家的研究活动中及其对自身工作成果的阐释中。科学思想常常反映在科学家对有关科学理论的论述中，尤其是在学派、观点的争论中，不同的科学思想得到充分反映。对科学传播而言，科学家的思想可能比他们的具体研究成果更重要。这些思想不但可以为其他科学研究者提供有意义的启示，也可以给普通公众带来启迪。传播科学思想是科学传播的重要内容，而科学史在这一方面有其独特优势。科学史用历史案例进行科学思想的直观表达，帮助公众理解科学思想的逻辑脉络和历史演变。

1.4.5 增进对科学与社会相互影响的理解

科学史的外史研究关注科学发展与社会的复杂关系以及科学给人类生活与社会发展带来的重大影响，将科学置于开放的社会关系之中。在这个意义上，科学史体现为科学的社会影响的历史。因而，要全面深入认识科学对当今社会的影响，考察科学史是必不可少的环节。如贝尔纳所说："指明科学的前途的线索在于它的过去。不论多么草率，我们只有在考察了它的过去以后，才能够开始判断：科学现有的社会功能是什么和科学可以有的社会功能是什么。"（贝尔纳，1982）

随着科学和社会的发展，人们对科学对社会影响的认识也在不断变化和深化。20 世纪后半叶以来，随着科学的发展，科学技术向社会的各方面全面渗透，深刻影响了人们的生活方式。科学在推动社会发展的同时，也表现出越来越多的风险和不确定性，并带来了一系列争议性问题，如核问题、环境问题、公共健康问题、食品安全问题等。科学技术的发展已经不再能单纯等同于经济的增长和社会的进步，这些引发了人们对科学的反思和批判。科学史的外史研究，将科学置于社会的大背景之下，考察科学与社会的互动影响，它的研究内容和研究成果能够促进公众从全新的角度来了解"社会中的科学"，历史地认识科学与社会的相互影响，从而深化对科学本质的理解。

第2章　科学史与科学教育

在科学史的应用功能中，教育始终是非常重要并广受关注的一项功能。迄今为止科学编史学领域关于科学史的功能与意义的研究中，几乎无一例外地涉及了科学史的教育功能。科学教育在广义的科学传播的几种类型中，最早明确地与科学史相结合，与科学史的结合也发展得最为成熟。相比科学的非正规教育即大众传播，正规的科学教育有对象预先明确、内容相对稳定、具有强制力、系统性强等特点，受到科学史的影响也具有独一无二的特性。按照最一般性的分类，依照科学史和教育的关系，至少可以将教育分为科学教育、人文教育和科学史专业教育。鉴于本书的主题，本章主要讨论科学史对科学教育的影响，其中又着重讨论基础科学教育。

2.1　科学史与教育结合的历史

将科学史融入教育，有着漫长的发展过程，并随着科学史自身的发展和人们对其认识的不断加深而持续变化着。溯源最早的一条线索是，从古希腊时期开始，许多专业学术文献和著作中就包含有叙述该学科历史的章节。18 世纪后，随着科学的蓬勃发展，科学家们更是经常在其著作中加上“历史导言”，为了将自己的工作置于该学科的历史传统背景中，以强调其独创性和重要性（刘兵，1996）。代表性著作有达尔文的《物种起源》、拉格朗日的《关于微分方程特解的研究》、赖尔的《地质学原理》等。尽管这种“历史导言”的作者大多并非专业科学史家，这些作品也并不是严格意义上的科学史著作，但这种对科学史进行应用的方法，至少可以将其视为科学史与教育相关的一种应用手段。

明确将科学史与教育联系起来是19世纪以后的事，重要的人物有孔德、马赫、迪昂、朗之万、萨顿、斯诺、柯南特、库恩等。

法国实证主义哲学家孔德（Comte）最早提出将科学史应用于通识教育，他在《实证主义总论》中提出以实证科学知识为主体的通识教育思想，主张培育具备实证主义知识和思想的通识型人才，而科学史在其中的主要作用是向人们展示实证主义知识的发展历程（袁维新，2006）。

19世纪下半叶，著名科学家和科学史家马赫（Mach）也意识到了科学史对于教育的重要性。他在自己的科学教学中，加进了历史的材料，并开设了一些较专门化的关于特殊领域发展的课程。他于1895年发表的一篇题为《论古典学和科学的教育》的面向中学教师的演讲中，也特别提倡在中学的科学教学中应用哲学和历史的方法（Bluh，1968）。

20世纪初，法国科学家和科学史家迪昂（Duhem）也大力倡导在物理学的教学中使用历史的方法，认为在让学生们接受物理假说方面，历史的方法是合法而且富有成效的方法（刘兵，1996）。

法国著名物理学家、教育家郎之万（Langevin）也专门注意到了科学史的教育价值，他在一次著名的演讲中，分析了历史观点在科学教学上所能够和应该起的作用，以及历史观点对于培养从事科学教育工作的教师的重要性（郎之万，1957）。

科学史学科的奠基人萨顿（Sarton）在科学史的教育意义这个问题上更是作出了突出贡献。萨顿认为科学史是唯一可以反映出人类进步的历史，他的最高目标就是要建立一种以科学为基础的新人文主义，使科学史成为联系自然科学和人文科学的桥梁。萨顿在1948年出版的论文集《科学的生命》中《教育的观点》这篇文章里，对科学史的功能进行了详细的论述，特别专门提及了科学家传记对于科学史教育的意义（萨顿，1987）。在萨顿的另外三本经典的科学史著作《科学史和新人文主义》《文艺复兴时期的科学观》《科学的历史研究》中，都直接或间接地对科学史的教育意义有所阐述（萨顿，1989，2007，1990）。萨顿本人也亲自进行着科学史教育的实践，他从 1920 年起，在哈佛大学开设面向各专业学生的科学史课程，为哈佛大学创建了科学史教育的传统（萨顿，1990）。

第二次世界大战后，在科学史教育方面，出现了新的转折。20 世纪 50 年代末，英国学者斯诺（Snow）提出“两种文化”的问题，即“科学文化”和“人文文化”之间存在着难以逾越的鸿沟，而“两种文化”的分裂会给人类带来严重的后果。斯诺认为过度的专业化教育是导致“两种文化”分裂的主要因素之一，要改变文化分裂的现状，首先要改变对专业化教育的过分推崇，建立新的教育制度和教育体系（斯诺，1987）。斯诺关于“两种文化”分裂之问题的提出对科学史与教育关系的发展有着重要的影响，面对斯诺提出的问题，许多科学史家和教育家都将科学史视为连结科学文化和人文文化的一座重要“桥梁”（刘兵，1996）。

“二战”后，科学史在大学通识教育和非专业性的科学教育中的应用，最具代表性的是哈佛大学校长柯南特（Conant）和他倡导的教育改革计划，特别是他提出的科学史案例研究的方法。柯南特继承了哈佛大学科学史教育的传统，强调通过科学史教育提高非科学专业学生的科学素养。在柯南特的主持下，哈佛大学在教育改革计划中推出了一系列科学史教材，其中最有影响的是《理解科学：以历史的方法》和《哈佛实验科学中的案例研究》（陈小鸥，2005）。

著名的科学史家和科学哲学家库恩（Kuhn）是柯南特教育改革计划的参与者之一，库恩在哈佛大学物理研究所就读时期，应柯南特邀请，参与了教育改革中的实验课程，并受到了很大影响。多年后，库恩（2003）这样回忆到：“我有幸参加了一项实验性的大学课程，这是为非理科学生开设的物理学，由此而使我第一次接触到科学史。使我非常惊讶的是，接触了过时的科学理论和实践，竟使我从根本上破除了关于科学的本质和它所以特别成功之理由的许多基本概念。”库恩对倡导这项教育改革计划的柯南特校长也充满了感激之情：“是他引导我进入科学史并因此而促发了我对科学进步本质的观念的转变。”

库恩创立的“范式”理论以及开创的历史主义学派在科学史与科学哲学界的重要影响为学界所熟知，而库恩为科学史与科学教育所带来的冲击，主要源自他提出的新科学史观极富科学教育和通识教育的意义。库恩的新科学史观突破了实证主义科学史观，将科学发展视为依靠一整套独立的科学方法所获得的科学成就的线性积累过程的观念。他认为科学活动是整个社会活动中的一部分，受到社会文化背景的影响，科学是科学家在整个社会文化脉络中认识自然的活动的成果，这些观点在他的另一本代表作——论文集《必要的张力》中也有所体现（库恩，2004）。在科学教育方面，库恩的贡献在于他提出的新科学观和新科学史观改变了人们对科学本质的看法，开辟了一条通往理解科学与社会之间关系的新道路，为科学与人文教育的贯通提供了一条具体的途径（袁维新，2006）。

柯南特在哈佛大学开启的教育改革计划，在20世纪50年代得到了进一步发展。1952年，哈佛大学的科学史教授G·霍尔顿（G. Holton）编写了一部面向非理科学生的物理学教材——《物理科学的概念和理论导论》，这部教材在科学教育的发展史上具有里程碑的意义。该书的最大特色之一就是充分而有效地利用了科学史和科学哲学向学生阐释物理科学的本质。在该书之后，从1962年开始，在美国自然科学基金会的资助下，霍尔顿和一些教育学家、中学教师及科学史家共同参与了“哈佛物理教学改革计划”（Harvard Project Physics Course，HPP）。该计划最重要的成果之一就是于1970年出版的一套针对中学教学的物理教材——《改革物理学教程》。这套教材大量引入了科学史内容，并具有明显人文价值取向。这套教材在美国成为有重要影响的物理教材之一，并被比较广泛地采用。到20世纪70年代中期，美国有15%的学生使用了这套教材（刘兵，1996）。与当时美国最主流的高中物理课程相比，《改革物理学教程》更具历史与哲学取向，难度和数学化程度也相对较低，更适合高中学生阅读。该计划的研究者通过调查发现，在科学的策略、科学的价值、科学事业的功能以及科学与社会的交互作用四个主题上，采用《改革物理学教程》这套教材的学生的表现远超过采用其他教材的学生（陈小鸥，2005）。

除了物理教学领域之外，美国生物学教学界在这一时期也进行了一项教学改革计划，即“生物科学课程研究”，由美国著名生物学家、哲学家和教育家J·施瓦布（J. Schwab）主持。这项计划强调科学史教育，以此突出“作为探究的科学”这一教学思想（魏冰，1999）。J·施瓦布在该计划中指出："探究式科学教学的本质是让学生理解在科学发现的过程中，问题怎样被提出，如何得到验证，最后又怎样得出结论，并强调如何理解科学疑问、争议和科学的不完备性。探究式科学教学还应该提倡科学史，因为比起概念本身它更关心人物和事件。探究式科学教育强调科学的人文价值。"（马修斯，1992）

此后，柯南特在哈佛大学揭开的科学史与科学教育相结合的序幕，其影响力持续地扩展到了欧美各国。20 世纪 70 年代，美国物理学会成立了物理史部门，美国科学史学会也成立了教育委员会，这两个组织在史蒂芬·布拉什的领导下，共同关注和研究科学史如何融入科学教育这一问题。到了 20 世纪 80 年代，国际上有关科学史与科学教育相结合的计划与报告相继提出，代表性的有美国的"2061 计划"、英国的"国家科学课程改革"、丹麦的"国家学校课程"、荷兰的"PLON 课程教材"、挪威的"核心课程"等。另外，20 世纪 80 年代中后期，欧洲物理学会专门围绕"物理史与物理教学"这一主题，举行了一系列的学术会议。英国科学史学会也于这一时期举行了"科学史与科学教学"研讨会（袁维新，2006；丁邦平，2000）。这些教育改革或课程改革的具体实践以及相关研究机构开展的主题研究表明，科学史与科学教育的结合已经成为国际科学史界和科学教育界的热点问题。

除美国外，英国教育界和科学史界也非常注重科学史在教育中的应用。英国的科学史教育最初是由英国科学促进会倡导的。1851 年，英国科学促进会主席在一次演讲中呼吁："我们要教给年轻人的，与其是科学结论不如是科学方法，更不如是科学史。"英国科学促进会于 1917 年再次提出，科学史教育是通融学校课程中人文科学和自然科学的良方（魏冰，1999）。同年，英国科学促进会在名为《教育中的自然科学》的报告中，明确地指出："在科学教学中，应当进行科学史和科学哲学的教学。"报告指出需要把科学的主要成就及其取得这些成就的方法引进到教学中，应当要有更多的科学精神而不仅仅是事实的罗列。其方法是开设科学史课程，科学史和科学哲学知识应当成为每个中学理科教师的必备知识（丁邦平，2002a）。直到 20 世纪 60 年代、70 年代，英国科学促进会还在其报告中多次敦促把科学史和科学哲学纳入科学课程中。

20 世纪 80 年代初，在英国科学教育协会的支持下，一些中学教师策划实施了两项课程改革计划，分别是“科学与社会计划”和“社会与境中的科学计划”（詹金斯，1991）。这两项计划的共同特点是强调科学在社会中的运行及其与社会的互动影响，为达到这一目的，科学史教育是最有效的教学手段之一。

1989 年，在英国当时公布的最新中学科学课程设置标准中，科学史教育有了进一步的发展。这份权威性的科学课程设置标准中，有对于了解“科学的本质”的明确要求，甚至出现了“科学是一种人类的建构”的提法。“科学的本质”这项要求的具体条例，直接涉及科学史的相关内容（刘兵，1996）。

20 世纪 90 年代，以“疯牛病事件”为导火索，英国引发了公众对科学的信任危机，这也意味着英国于 1985 年发起的“公众理解科学”运动的失败。2000 年，英国上议院科学技术特别委员会发表了报告《科学与社会》，提出一系列主张，倡导公众参与科学，与专家进行对话，试图以此解决公众对科学的信任危机。在这份报告提出的对策中，“学校的科学教育”是其中重要的一部分。报告明确指出：“要用较少的时间传授既成事实，而要用更多的时间去讲授科学的本质和过程……国家课程和 16 ~ 19 岁学生的科学课程大纲应该能够提供一个清晰得多的关于科学是什么以及科学家是怎么工作的说明……传统上学校科学太重事实，这会让人们成年后当遇到许多现有科学的不确定性时感到不知所措……普通公众对整个科学过程产生了很深的误解。”（上议院科学技术特别委员会，2004）该报告还援引另一份由纳菲尔德基金会资助的一系列科学教育研讨会的报告《跨越 2000 年》中的观点：“‘健康而充满生气的民主’需要这样一种公众，‘他们对主要科学观念有着广泛的理解，并能在欣赏科学的价值及其对我们文化的贡献的同时，批判性地参与到关于科学知识的事件和争论中来’。”在分析了当前的需要后，这份报告提出了相关建议：“对所有年龄段的课程内容均进行调整，以把更多的技术和‘关于科学的观念’包括进来……课程的实际内容应该简化，从而让学习者腾出时间看到事实背后以及事实以外的东西，去发现它们的源头、含义及其置身其中的过程。”可以看出，这份报告非常鲜明地提出了相比科学知识，带有批判意识理解科学的源头、本质和过程，以及科学的不确定性和争论的重要性。显而易见，针对这些目标，科学史无疑是最重要的教育资源之一。

2.2 科学史与科学教育

2.2.1 科学史帮助科学知识的理解和“观念转变”

科学史引入科学教学，传统而常见的一种做法是在科学教学中加入科学史内容，即给科学知识裹上科学史的“糖衣”，以此增加教学的故事性和趣味性。马修斯（1994）对此指出，这是一种“外加型”模式。而将科学史引入科学教学的另一种模式是“渗透型”，即以科学史为基础对传统的科学教学进行改造或重构。“外加型”模式对科学教学的意义是相当有限的，当代科学史融入科学教学的研究与实践，主要是强调和侧重“渗透型”模式。

重视理解与观念转变是现代科学教学的一个重要特征。在很多科学教育专家看来，判断科学课程改革的各项主张和建议的一个基本标准就是这些主张和建议是否可以增进学生学习科学时的“理解”与“观念转变”(明茨基等，1998)。

理解式教学主要是强调各个相关的科学概念和结论对于学生是真正有意义的，而并非只是机械记忆的结果。“意义学习”意味着对直接经验的超越，即由对现象或事件的直接感知深入到对本质的正确把握，从而也就能依据普遍性原理对相关的现象或事件作出具体解释（郑毓信，2006）。明茨基（1998）等人明确指出“意义重于记忆，理解重于知觉”。

教育界的研究表明，对理解式学习而言，重要的是强调科学知识的整合性，特别是打破不同学科领域之间的界限，将科学概念与原理，知识与技能进行融通和连接，理解自然界的内在统一性以及科学、技术与社会的关系（郑毓信，2006）。

科学史可以通过向学生展示科学发展的历程，来揭示科学的整体面貌以及科学作为整体的产生、发展和革命过程，将具体的、孤立的、零散的、片段的科学知识联系起来，揭示科学如何在发展的过程中形成了统一的观念、原则和规范，并如何体现出自然界的内在统一性。科学史在帮助学生理解科学知识的整体性上，有丰富的资源和独特的优势，科学史可以使学生更好地理解科学动态的发展，在对科学概念演变的历史中更好地理解科学概念（刘兵，1996）。由此，科学史能够促进学生对科学知识的“理解”和“意义学习”。正如马赫所指出的：“只有通过对相关历史的考察，我们才能置身于相关的思想传统之中，才能真正理解相关的科学概念以及它们借以获得意义的理论框架是如何历史地得以形成的。”（郑毓信，2006）

学生在接受科学教学之前，头脑中并不是一个“空的容器”或“一块白板”，而是带着各种关于自然事物或现象的朴素见解，甚至是相当确定的看法，这些已有的见解或看法在科学教育界被称为“前概念”或“先有概念”（郑毓信，2006）。学生的“前概念”往往是错误的，并且常常与相应的科学概念直接冲突，在这个意义上，学生的学习过程就应该被看成一个“概念转变”的过程，即从“前概念”向“科学概念”的转变过程。

学生的“前概念”对科学学习的影响研究一直受到科学教育界的普遍重视，“这种研究指出学生在正式学习之前，有关自然世界的个人理论已经存在他们脑中了。这种情形影响了学生解释科学教学内容，学生甚至到该学科学期结束时仍不放弃自己原有的解释”（格林等，1996）。科学教育界的很多学者认为“概念转变”在很大程度上是科学学习活动的主要特征之一。例如马修斯曾指出：“如果一些认识是与日常认识相一致的，则就几乎不可能是科学的，因为，世界并不是像日常意识所认识的那样运作的。”（马修斯，1994）进而，“概念转变”也被看作学生科学学习的主要困难所在：“科学学习对于学生而言，在未来也仍将是一件困难的课业，很多问题都是因为科学知识‘本质’的问题：科学学习常常意味着学习一个全新的观点。”（格林等，1996）

“科学概念”是与学生通过日常生活所建构起来的朴素观念直接冲突的，因此，“科学概念”对学生往往是“不自然的”“反直观的”，从而，他们就不仅会表现出对于“前概念”的依恋，而且也会自觉或不自觉地表现出对于“科学概念”的抵制和反抗（郑毓信，2006）。“学生的个人理论和模式在他们日常生活中运作自如，唯有在科学课时，教师才指出他们观念的缺点，而学生却不愿意放弃他们的错误观念，他们宁可相信他们自己那些在现实世界中解释得通的理论”；“学生通常很得意于他自己的观念，他们并不认为新观念很明显地比他自己的旧观念来得合理。其实，科学观念常比学生观念来得更抽象、更难以解释”（格林等，1996）。

由于学生所具有的“前概念”是与日常生活密切相关的，因此，即使他们在课堂上暂时接受了一些新的科学观念，但是，如果他所遇到的日常生活中的熟悉情境，原有的朴素观念往往又会被重新“激活”——显然，这事实上也就更为清楚地表明了“观念转变”的困难性，特别是单一的反例并不足以造成彻底的观念转变，在现实上更可经常看到的往往是观念的反复（郑毓信，2006）。

“观念转变”的重要性和困难性，表明科学教学要从科学史中寻求支持。因为“个体认识的发展在很大程度上即可被看成人类在整体上的认识发展过程的一个重演或缩影，特别是学生在观念转变上的困难程度与反复性在很大程度上就与科学史上新旧观念的长期斗争十分相似”（郑毓信，2006）。

科学教学的实际经验表明，学生有很多“前概念”与科学史是平行的，即学生对于某些问题的认识常常与历史上的科学家曾经有过的认识一致。例如学生关于“真空”的“前概念”与古希腊以亚里士多德为代表的“自然憎恶真空”的观点十分相似（明茨基，1998）；学生关于光合作用的“前概念”，与科学史上光合作用概念的演变有密切的关系（Wandersee，1986）；学生对于“看见”与“颜色”的“前概念”，与科学史上相关概念的发展有类似的过程（Mc Donald，1989）。

因此，引入科学史可以帮助学生了解自己的“前概念”以及相应的“科学概念”产生的情境，并可以帮助教师预测学生的“前概念”，以此来协助教学设计。学生的认识发展和观念转变可以看成人类整体性的认识发展和观念转变过程的一个缩影，“对于特定科学在历史发展中所经历的漫长和困难的历程的了解可以帮助教师设计出合适的教学方案，选择适当的实验和活动，并知道如何去对教学中出现的问题或疑难作出反应”（马修斯，1996）。

2.2.2 科学史促进对科学本质的理解和科学观的形成

在国际教育界，“对科学本质的理解”是一个庞大的概念，除科学的根本特质和科学的哲学问题以外，许多科学教育学者还将对科学精神、科学方法、科学活动过程的认识也都视为对科学本质的理解的一部分。英国教育家阿姆斯特朗（Armstrong）在倡导促使学生对科学本质的理解时，就主张通过对科学方法的学习来认识科学的本质。马赫在要求学生理解科学的本质时，提出了通过科学名著来领会科学思想的方法：“每一个年轻学生都要切身感受一些数学和科学的发现……这种学习材料自然主要与科学名著选读联系起来，这样教师就可以使少数有影响的简明易懂的科学思想在学生头脑里生根，使其深思熟虑。”（丁邦平，2000）马修斯也将科学方法和认识论视为科学本质的一部分：“科学的本质很久以来就是理科教师和课程专家们所关心的问题。自 19 世纪初期科学开始在学校课程中取得一席之地以来，人们一直希望学生不仅要懂得科学，而且要通过内化科学精神和懂得欣赏科学的本质，使科学教学对文化品质和个人生活产生有益的影响。显然要实现人们这一合理的、长期存在的期望，必须依靠教师和课程专家们理解科学方法和认识论（即一些科学本质的知识）。”（丁邦平，2000）从这些教育家对科学本质的理解，我们可以对“科学的本质”做更为广泛和深入的理解，即除了作为成果和结论的现有科学知识体系以外，对科学的内在属性和外部特征，包括科学的历史与发展、科学的工具与方法、科学的精神与思想、科学的价值和局限、科学的文化等方面的认识都可以视之为对科学本质的理解的一部分。

作为对科学本质的理解的明确化和体系化，科学观的形成是科学教育最重要的目标之一。“从国际上看，新的科学观是当前科学教育改革的核心问题。科学究竟是什么？科学的本质是什么？这些问题都是当前发达国家科学教育改革的理论基石。科学教育改革首先是要更新科学观”（丁邦平，2002）。以色列学者努斯鲍姆（Nusbaum）在谈到科学教育目标时，也强调了科学观的重要性。他指出，科学教育应该具有两层目标：第一层主要是科学知识相关内容；第二层则与知识论有关，即关于科学的观念。第二层目标比起第一层更应该引起人们的重视（明茨基，1998）。

科学观的现代发展在一定程度上可以看作是建立在对以逻辑实证主义为主要代表的传统科学观的批判的基础上的，包括对科学知识的客观性、普遍性、绝对性、确证性，科学的经验基础，科学知识具有特殊的认识论地位，科学发展的线性积累观等朴素或传统科学观的反思和批判。在科学教育中，为促使学生树立健康理性的科学观，应该防止科学观的片面化和绝对化，应当明确肯定科学活动的辩证性质，认识在客观性与主观性、反映与建构、观察与理论、证实与证伪、科学发展的连续性与间断性、科学活动中的理性因素与非理性因素、个体与群体、知识与信念、常规科学与科学革命、描述性与规范性、统一性与多元性等矛盾的辩证关系（郑毓信，2006）。

科学教育界从20世纪60年代开始明确提出"科学作为过程"的思想，这事实上是与由"静态科学观"向"动态科学观"的转变对应的。"静态科学观"将科学等同于科学知识，特别是事实性结论的简单汇集；而"动态科学观"将科学看作人类的一种创造性活动，不仅应当努力掌握作为"科学活动"最终产物的各种具体科学知识，而且也应该努力掌握"科学活动"的其他各个部分，特别是科学的概念系统和科学的方法，以及科学的社会文化背景和科学的研究传统和研究范式（郑毓信，2006）。

针对科学本质的理解和科学观的形成，科学史无疑是优质而独特的教育资源。从宏观上，科学史可以提供科学作为一项人类活动产生、发展、变革的整个过程，以及在此过程中科学内部因素的影响与变化，社会文化的背景，科学与社会中的其他要素如何相互影响，科学的价值、意义和它的局限所在；从微观上，科学史的案例研究，能够揭示科学知识是如何产生的，科学方法是如何被选择的，科学思想是如何形成的，科学家是如何工作的，等等。20世纪90年代以来，随着"情境论"在教育中受到越来越多的关注，当代科学教育强调科学教育要与特定的"情境"结合，而"情境"的提供正是科学史的独特功能与优势。

2.3 科学史与中美两国基础科学教育改革

近年来，世界上很多国家都在基础科学教育改革方面作出大量努力和尝试，其中，将科学史及其相关的科学哲学等内容融入科学教育是这些基础教育改革共同的特色，代表性的教育计划或课程项目及标准有美国的“2061 计划”“美国国家科学教育标准研究制订计划”，英国的“国家科学课程改革”、丹麦的“国家学校课程”、荷兰的“PLON 课程教材”、挪威的“核心课程”等。2001 年，我国在新颁布的《全日制义务教育科学课程标准（实验稿）》中，也突出和强调了科学史的地位和作用，这代表着科学史在我国基础科学教育改革中，开始发展并发挥和产生了越来越强的作用和影响力。本节以美国 1995 年颁布的《国家科学教育标准》和我国 2001 年颁布的《全日制义务教育科学课程标准（实验稿）》为例，结合更为广泛的背景，考察两国的基础科学教育改革中涉及科学史的相关内容及其特点，探讨科学史在基础教育改革中的地位与作用。

2. 3. 1 美国《国家科学教育标准》与科学史

1994 年，美国国家研究理事会通过了一个研究和制订美国科学教育标准的计划，该计划的成果于 1995 年颁布，即一份《国家科学教育标准》的详尽报告。该报告包括科学教学、专业进修、评价、科学内容、科学教育大纲、科学教育系统、面向未来七个方面的标准，为美国科学教育提供了一份目标明确、内容全面、极富改革意义的教育标准（美国国家研究理事会，1999）。该报告与“2061 计划”（1990）、《中学科学的范围、程序和协调方案》（1992）一起，并称美国 20 世纪 90 年代三大国家级科学教育改革方案（魏冰，2000）。

在这份报告中，关于科学内容的标准，共包括八类：科学的统一概念和过程、作为探究过程之科学、物质科学、生命科学、地球与空间科学、科学与技术、从个人和社会视角所见的科学、科学的历史与本质（美国国家研究理事会，1999）。其中，“科学的历史与本质”作为重要的科学内容要求，直接被列为内容标准中一项，体现了美国在基础科学教育改革中对科学史、科学哲学以及相应的科学观素养的重视与强调。另外，从本章第二节得到的结论来看，科学史对于科学教学中理解“科学知识的整体性和自然的内在统一性”“科学是一种探究过程”“科学技术与社会的关系”以及科学观的形成，都有重要意义。具体就这份《国家科学教育标准》来说，除了“科学的历史与本质”这一内容标准直接涉及科学史以外，有关其他的科学教育目标，特别是内容标准中的“科学的统一概念和过程”“作为探究过程之科学”“从个人和社会视角所见的科学”，也与科学史有着密切的关系。以下分别从不同的教育阶段，着重以“科学的历史与本质”这一科学内容标准来分析科学史在美国《国家科学教育标准》（以下简称《标准》）中的渗透与影响。

2.3.1.1　幼儿园至4年级科学内容标准与科学史

幼儿园至4年级“科学的历史与本质”内容标准，首先提出了两个基本目标，分别是让学生理解科学是整个人类奋斗的目标，以及培养学生对科学的理解能力。《标准》指出，在这一阶段的教学中，教师应该培养学生“提出问题和研究世界”的兴趣和习惯，并提供了具体的教学方法，“让学生分组进行调查研究，首先提出问题，然后将问题的答案交流给别人”，即“强调调查研究的经验和对解释的思考，而不过分强调科学术语和信息的记忆”。《标准》接下来明确指出了科学史在其中的作用：“学生可以通过历史学习一些科学探究方面的重要事情和著名人物，这些知识可以为接受后来将介绍的科学的历史和本质方面的复杂概念奠定基础。”《标准》为这一阶段教学将科学史融入科学教学提供了一个切实可行的方案，即通过各种形式的科学家传记来了解科学研究的过程与方式：“可以借助短篇小说、电影、录像和其他例子介绍一些对科学作出贡献的历史名人的有趣例子。要求学生通过这些故事理解科学家是如何工作的，注意他们提出的问题、他们采用的研究程序和众多个人对科学技术的贡献。”（美国国家研究理事会，1999）

在具体的内容要求上，《标准》对这一阶段的教学中学生关于“科学的历史与本质”的理解做了四个方面的要求：

（1）科学是有历史的，并且历史悠久（“人类从事科学和技术已有很久很久”）；

（2）男性和女性都对科学有所贡献（“男人和女人同样在科学技术史上作出了各种贡献”）；

（3）自然界中仍有许多未知等待科学去探索，科学是一项永恒的事业（“尽管人类通过科学探究已经学到了许多关于自然界中的物体、事件和现象的知识，但是仍然有更多未知的领域等待人类去了解，科学事业永远不会有终结”)；

(4) 科学是一项有富有魅力的事业，值得为之付出和努力（“许多人选择了科学作为自己的事业并且把他们的整个生命贡献给科学研究，许多人从科学研究中获得了极大的乐趣”)。(美国国家研究理事会，1999)

2.3.1.2 5~8年级科学内容标准与科学史

5~8年级“科学的历史与本质”内容标准提出的基本目标，除了延续幼儿园~4年级阶段的“理解科学是人类奋斗目标”和“培养学生对科学的理解能力”以外，还增加了两项，即明确提出对“科学的本质”和“科学史”的目标要求。

《标准》接下来介绍了学生达到“科学的本质”和“科学史”这两项教学目标的可能性、意义以及具体教学手段和目的：“学生实际参与科学研究的经验为理解科学探究的本质奠定了基础，也为理解本标准所介绍的科学史奠定了基础”；“历史实例的介绍可以帮助学生看到，科学事业是富有哲理的，是社会性的活动，是充满人性的，由此，学生能够更准确地理解科学探究和科学与社会之间的相互影响”；“为了帮助学生理解科学的本质和历史，科学教师可以运用学生调查研究的实际经验、案例研究和生动的历史花絮，本标准的目的不是要编写一个完整的科学史概论，而是要利用某些科学史事例帮助学生理解科学探究、科学知识的本质和科学与社会之间的相互影响”(美国国家研究理事会，1999)。

在支持该部分内容标准的基本概念和原理中，关于“科学的本质”，《标准》在科学知识的相对真理性和可证伪性、科学争论和同行评议三个方面作出了要求：科学知识科学观念并不是最终真理，原则上要接受变更和改进，当今科学的主要概念都已经过实验和观察检验，但未来仍有变化的可能，历史上曾有过许多这样的先例；科学家内部存在分歧和异议，在理想的情况下，科学家会承认并努力寻找能够消除异议和分歧的证据；科学评议和公开交流是科学研究的一部分，并且有可能通过这种方式消除科学家内部的分歧和异议。《标准》在这三个方面要求的基础上，突出强调了科学的划界问题以及科学的局限性：“学生应该理解科学问题和其他问题的区别，应该理解科学和技术能为社会作出什么样的合理贡

献，应该理解哪些是科学和技术无能为力的领域。”（美国国家研究理事会，1999）

支持该部分内容标准的基本概念和原理的另一内容是“科学史”。关于“科学史”，《标准》也提出了三个方面的要求，即科学史家个人的贡献、不同民族和文化背景对科学的贡献和科学创新的困难：“许多个人对科学传统作出了贡献，学习其中的某些典范人物可以进一步理解科学探究，理解作为人类奋斗目标的科学，理解科学的本质及科学与社会之间的关系”；“从历史的观点看来，科学是不同文化背景的不同个人的实践活动，纵观诸多民族的历史就可以发现，那些成就斐然的科学家和工程师都被看成是对本民族的文化作出最杰出贡献的人”；“跟随科学史的足迹可以发现，科学创新人物要打破当时被普遍接受的观念得出我们今天认为理所当然的结论是多么的困难”（美国国家研究理事会，1999）。

2.3.1.3 9~12 年级科学内容标准与科学史

9~12 年级“科学的历史与本质”内容标准中的基本目标，仍然延续了 5~8 年级对于科学的本质和科学史的要求，但是将表述变为“科学知识的本质”和“历史的观点”。这是一种更高的要求，因为这意味着不仅要求学生认识到影响科学的外部因素及其本质，更要认识到科学知识本身的属性及其本质；“历史的观点”也比“科学史”更进一步，不仅要认识到科学是有历史的，在历史的案例中学习科学，更要学会一种用历史和文化的视角来看待科学及其发展的方法。正如《标准》中提到的，这一阶段“有关‘科学的历史与本质’的标准与美国科学促进会制定的《科学素养的衡量基准》中的‘科学的本质和历史篇章’是完全一致的”，“目的是让学生逐步了解科学对人类的价值、科学知识的本质和社会中的科学事业，而不是侧重对历史的广泛了解”（美国国家研究理事会，1999）。

《标准》在这一阶段“科学的历史与本质”的内容标准中，还专门提到学习科学史的意义、困难和应该注意的问题：“学习科学史可以帮助学生改善他们对科学的一般理解。教师应该敏锐地意识到，学生在步入历史研究时缺乏必要的知识，缺乏时间、持续时间和先后相继等视点。高中学生对于理解历史人物的观点可能会有一定的困难。例如，学生们可能会把历史人物看成是比较差劲的，因为这些人不懂我们现今已懂得的东西。有些学生对于那些其理论已经被取代的往昔科学家们似乎也持有这一种‘今人必定胜古人’的看法。”（美国国家研究理事会，1999）

在支持该部分内容标准的基本概念和原理中，就“科学知识的本质”，《标准》提出了三个方面的要求：分别是科学研究的基本方法、原则，科学理论的基本标准，科学知识的不完备性。在科学研究的基本方法和原则问题上，《标准》这样指出：“科学有别于其他认知方式和其他知识体系，它采用实证标准、逻辑论证和怀疑精神，因为科学家的任务是努力以最好的方式解释自然界。”关于科学理论的基本标准，《标准》这样谈道：“科学解释必须满足一定的标准。首先而且最重要的是，它们必须与实验证据和从观察自然中所获得的证据一致，而且在可能的条件下必须对所研究的系统作出精确的预测。它们还应该符合逻辑，尊重证据法则，公开接受批评，报告所采用的方法和过程并且将知识公开。”在科学知识的不完备性问题上，《标准》这样解释：“由于所有的科学概念均赖于实验和观察的证实，所以从原则上讲，当出现新的证据时，一切科学知识都可能发生变化。能量守恒定律和运动定律等科学核心概念已经经过了广泛的证实，因而在它们被检验过的那些领域似乎不大容易发生变化。在那些数据尚不完整、理解尚不充分的领域（例如人类进化的细节和全球变暖问题），新的证据一旦出现很可能要导致现有概念的变化或当前冲突的解决。在信息依然支离破碎的情况下，科学概念不完整是一种正常现象，不过这也是取得重大突破的机会之所在。”（美国国家研究理事会，1999）

支持该部分内容标准的基本概念和原理的另一内容“历史的观点”中，《标准》提出了两个方面的要求：分别是不同民族和文化对科学史的贡献和常规科学与科学革命的关系问题。关于第一个方面，《标准》指出：“在历史上，形形色色的文化都对科学知识和技术发明作出了贡献。数百年前，现代科学开始在欧洲迅速发展。在过去的200年间，科学对西方和非西方的工业化作出了巨大的贡献。然而，其他非欧洲文化也发展了科学概念，也通过技术解决了人类的许多问题。”关于第二个方面，《标准》首先谈了常规科学的意义：“通常，科学中的变革是作为对现有知识的微小修改出现的。科学和工程的日常工作导致了我们对世界的理解和我们满足人类需要和抱负的能力的渐进式进步。通过研究科学家个体，研究他们的日常工作和他们在自己的研究领域推动科学知识进步的努力，可以学到许多关于科学内部运作和科学本质的知识。”《标准》然后列举了历史上引发了科学理论变革乃至革命的科学史案例，包括哥白尼革命、牛顿力学、相对论、原子理论、生物进化论、量子理论等。最后，《标准》强调指出：“科学解释的历史观点说明，科学知识如何随时间的推移发生变化，而且几乎始终是建立在先前知识的基础上。”（美国国家研究理事会，1999）

2.3.2 中国国家中学科学课程标准与科学史

2001年，在我国科学课程改革的背景下，中小学科学课程标准，即《全日制义务教育科学（3～6年级）课程标准（实验稿）》和《全日制义务教育科学（7～9年级）课程标准（实验稿）》（中华人民共和国教育部，2001）正式颁发并实施，这是我国基础科学教育改革的一项重要举措。这部实验性的科学课程标准，在课程宗旨、价值、目标、基本理念和具体的内容要求上，比以往的科学教学都有较大的突破和变革。首先，明确提出科学课程要引导学生认识科学的本质以及科学技术与社会的关系，将此作为科学素质的重要组成部分、课程的基本理念以及课程的四大目标之一；其次，强调培养学生从整体上认识自然和科学，通过统一的科学概念和原理，理解自然的内在统一性，实现科学课程的整合设计；另外值得注意的是，在具体的教学内容标准中，作为实现认识科学的本质以及科学技术与社会的关系这一重要的课程目标的手段，还专门突出了科学史，明确强调科学史在科学课程中的地位与作用，并给出科学史进入科学课程的基本方式。以下具体从这三个方面来分析科学史在科学课程标准中的渗透和影响。

2.3.2.1 认识“科学的本质”和“科学技术与社会的关系”

《全日制义务教育科学（7～9年级）课程标准（实验稿）》（以下简称《标准（7～9）》）在前言部分，明确强调了“科学的本质”和“科学技术与社会”在教育目标中的重要地位。前言首先概述了科学在现代社会中的发展面貌以及对社会产生的深刻影响：“20世纪以来，科学技术进入了有史以来发展最快的历史时期。在以相对论、量子论、DNA 双螺旋结构和板块学说的提出为标志的科学革命的推动下，科学理论无论在深度和广度上均得到迅猛的发展。信息技术、现代生物技术、新材料技术、新能源技术、航天技术等迅速地改变着世界的面貌，推动着社会的进步。另一方面，在科学技术与社会发展的同时，也产生了生态环境恶化、资源枯竭等一系列负面的问题，严重阻碍了社会的可持续发展。”前言并指出：“这些都对教育提出了严峻的挑战”，然后明确要求：“面对上述挑战，学生必须逐步领会科学的本质……必须初步养成关注科学、技术与社会问题的习惯。”

在“课程性质与价值”部分中，指出将“培养科学素养”作为科学课程的宗旨时，又一次明确强调“科学的本质”和“科学技术与社会”，并将此视作“科学素养”中的重要部分：“使学生初步认识科学的本质以及科学、技术与社会的关系。”在“课程性质与价值”的第二项要求中，更是直接涉及了科学本质认识的具体内容：“科学课程建立在以下对科学本质认识的基础上，并将引导学生逐步认识科学的本质：

（1）自然界是有规律的，这种规律是可以被认识的。科学是认识自然最有效的途径。科学知识反映了人类对自然本质的认识，对自然现象具有解释和预见的功能。科学可以转化为技术，变成改变世界的物质力量。科学技术是第一生产力。

（2）科学是以多样统一的自然界为研究对象的探究活动。科学探究不仅涉及逻辑推理和实验活动，同时还是一个充满创造性思维的过程。科学知识是全人类，特别是科学家探究活动的结果，它是人类智慧和劳动的结晶。科学不仅是科学家的事业，而且是一项全社会的事业。每一个人都应当关注科学技术的发展。

（3）科学是一个开放的系统。科学知识具有相对的稳定性并不断发展和进步，它不是绝对真理，只能在一定的条件与范围内适用，也不能解决所有的问题。可验证性是科学与伪科学的重要区别之一。科学强调和尊重经验事实对科学理论的检验。

（4）科学活动应当促进社会的进步，并将受到科学道德和社会一般道德的双重约束。”

在“课程的基本理念”部分，再一次将“体现科学本质”作为课程基本理念的一部分：“科学课程要引导学生初步认识科学本质，逐步领悟自然界的事物是相互联系的，科学是人们对自然规律的认识，必须接受实践的检验，并且通过科学探究而不断发展。还应当使学生认识科学、技术与社会有着密切的联系，科学是一项人人都应当关注的社会事业。”

在“课程目标”部分中，又明确将“科学、技术与社会的关系”作为课程四大目标中的一个，并提出“理解科学、技术与社会的关系是现代公民科学素养的重要内涵，对这一部分内容的学习是培养学生理论联系实际的作风、参与社会决策的意识、形成可持续发展观念的关键”，“通过科学课程的学习，学生将：

（1）初步认识科学推动技术进步、技术又促进科学发展的相互关系，初步认识社会需求是科学技术发展的强大动力；

（2）了解科学技术在当代社会经济发展中已成为一种决定性因素，科学技术是第一生产力；

（3）了解技术会对自然、人类生活和社会产生负面影响，初步懂得实施可持续发展战略的意义；

（4）了解科学技术不仅推动物质文明的进步，也促进精神文明的建设与发展，科学技术是一项重要的社会事业，每一个公民都应该关心并有权利参与这项事业。”

2.3.2.2 自然的内在同一性和科学知识的整体性

除了强调“科学的本质”和“科学技术与社会”之外，《标准》（7～9）作为一门整合的“科学课程”的课程标准，在谈到其“独特作用”时，还突出了科学知识的整体性：“同各分科课程相比，科学课程试图超越学科的界限，统筹设计，整体规划，强调各学科领域知识的相互渗透和联系整合。这样的课程，有助于学生从整体上认识自然和科学，根据统一的科学概念、原理和各领域知识之间的联系来建立开放型的知识结构；有助于学生知识的迁移和学习能力的发展；有助于对学生科学探究能力培养的总体安排，使学生得到全面的科学方法的训练；有助于学生较为全面地关注和分析与科学技术有关的社会生活问题，获得对科学、技术与社会关系的理解。”

在“设计思路”部分，专门提出了“科学课程整合的特点”：“一是试图超越学科界限，保留带有结构性的基本内容，注意不同学科领域知识、技能之间的融通与连接；二是全面提高学生的科学素养，将科学知识与技能，科学态度、情感与价值观，过程、方法与能力进行结合与渗透，并力求反映科学、技术与社会的互动与关联。”这一部分还具体指出了将科学内容进行整合的方法：“从统一的科学概念与原理，不同学科领域知识与技能之间的融通与连接，科学、技术与社会的关系以及科学探究活动等途径进行。”

在“课程目标”部分中的“科学知识与技能”中，明确提出“统一的科学概念和原理”，“在自然科学的发展过程中，形成了一些统一的概念和原理，它们反映了自然界的内在的统一性”。

2.3.2.3 科学史在科学教学中的地位与作用

《标准（7~9）》专门强调了科学史在科学教学的地位与作用。首先，在内容标准部分中，涉及不同学科的具体内容目标时，有多处直接提出了科学史的内容要求，例如在“物质科学”的“物质的结构”主题中，“了解原子结构模型及其在历史上的发展过程，体验建立模型的思想”；在“物质的运动与相互作用”主题中，“通过力学发展史中的典型事例领悟科学精神”，“通过了解电磁知识在技术中的应用和电磁学发展史中的典型事例，认识电磁感应现象的发现对社会发展的作用”；在“能与能源”主题中，“通过对能量转化与守恒定律发现史的学习，领悟科学思想和科学精神”；在“地球、宇宙和空间科学”的“地球在宇宙中的位置”主题中，“了解地心说到日心说的发展，领悟科学家追求真理的精神”。

更为重要的是，在课程的第四大目标“科学、技术与社会的关系”的内容标准中，明确将科学史列为其中的第一个主题，突出了“‘科学史在科学课程中的地位与作用’：

（1）提供重要的科学事实、概念、原理、方法以及技术发明的历史背景、现实来源和应用。这些内容有助于启发学生的思维，加深学生对所学科学知识的理解；有助于促进学生对科学、技术与社会相互关系的理解，进而使学生感受科学在人类文化与社会进步过程中的地位和影响，认识到科学是一种生动的、基本的人类文化活动，引导他们重视科学在当代社会发展中的作用，并且关注科学各领域之间的内在联系。

（2）通过科学史有关内容的介绍，使学生感受到科学是一个开放的、不断发展的系统，但在广度和深度上不断发展，而且已有的结论也可能被修正，科学是一个永远不会完结的过程。

（3）通过对科学史上一些重大发现、发明过程的介绍以及一些简单而典型的著名案例的学习，激发学生对科学的兴趣，培养他们的探索精神和科学态度，促进和改善学生对相应的科学思想方法的理解，进而了解科学的本质，培育科学精神。

（4）通过历史上的一些著名的反例，从反面给学生以强烈的震撼，加深他们对相应问题的理解，培养严谨缜密的科学思维；通过一些科学家犯错误、遭遇挫折和失败的例子，引导学生正确看待学习过程中遇到的困难，增强信心和勇气；通过对科学思想形成中的曲折与艰辛以及那些伟大的探索者的失败与成功的介绍，使学生进一步体会科学的丰富人文内涵。

（5）应当强调指出，在义务教育阶段的科学课程中引入科学史，主要是作为学生学习科学的一种途径和手段，科学史不应作为新的知识点来考核，其教学效果应当通过学生对相关科学知识的理解、对科学过程与方法的理解以及学生科学态度、情感与价值观的培育来体现。”

《标准（7~9）》还给出了“科学史进入科学课程的基本方式”，包括“作为引入新知识的背景材料”，“作为例题与习题”，“作为相关资料插入作为扩展性阅读材料”和“作为科技活动素材”。

2.4 科学史与通识教育

2.4.1 西方通识教育概念的历史演变

通识教育（General education），有时也译成“博雅教育”。探究这一概念的起源和演变，最早可以追溯到古希腊时期亚里士多德的“自由教育”（Liberal education）思想：“应当有一种教育，教育公民的子女，既不立足于实用，也不立足于必须，而是为了自由而高尚的情操。”亚里士多德认为“自由教育”是面向“自由人”（与工匠、奴隶相对）进行的教育，其目的在于发展人的理性、心智，以探究真理，而不是针对工匠所进行的以谋生或掌握某种技能、从事某种职业为目的的教育。亚里士多德为“自由教育”设计了“自由课程”，后人将其称为“七艺”：语法、修辞、逻辑、算术、几何、人文、音乐。亚里士多德的“自由教育”思想深刻影响着西方教育的发展，自古希腊至18世纪工业革命之前，在数千年的时间里，这种教育思想一直是代表人类智慧的主流教育思想。“自由教育”思想的产生和盛行是有其深刻的历史根源和社会背景的。当人类知识积累有限，更新速度缓慢，社会分工不发达，高等教育是少数人的特权时，这无疑是一种符合时代的教育思想。典型的代表是在欧洲长期盛行的贵族教育。

然而，随着时代的变迁和社会的发展，特别是随着科学的进步，“自由教育”作为象牙塔里的贵族教育的弱点逐渐显露出来，它受到了来自不同方面的挑战。18世纪工业革命以后，经济、科技迅速发展，生产方式变革，社会分化加快，知识总量剧增，技术更新加速，科学与技术的关系越来越密切，学科领域和职业分工不断细化，工作日益专门化，受教育群体急剧扩大……社会的巨大变化使古典自由教育的局限性越来越明显地体现出来。在这种背景下，一种新的教育思想诞生了，这就是专业教育思想。专业教育是以培养在一个专门领域从事专门职业或专门岗位的专门人才为目标的教育。如果说“自由教育”是非功利性的，那么专业教育则是功利性的。到了19世纪末期，西方的传统大学开设的“自由教育”课程已经不能满足当时的社会需要，相反，专业教育却越来越受到各方面的欢迎。至此，高等教育专业化成为高等教育发展的主要特征之一。

随着高等教育专业化趋势越来越明显，专业教育的种种弊端也接踵而来。例如，学科的过度分散导致了彼此的分割和陌生；知识的专业化导致了知识的狭窄化；专业教育造就了一批只懂得自己专业领域内有限的一点知识，而对其他领域知识非常缺乏的“单一人才”；知识更新过快，使大学中学习的有限的、单一的知识不利于个人在社会的发展；热衷于追求功利和实用而忽视人文素养的专业教育使人不成其为“人”，而成为“知识的附庸”。在这种状况下，专业教育思想开始受到质疑和批判，自由教育思想又重新受到重视，然而此时的自由教育已经不再是古希腊哲人意义上的自由教育，人们赋予自由教育符合时代特色的新的含义，即通识教育。通识教育思想不否认专业教育存在的合理性，但它力求在进行专业教育的同时，把受教育者培养成一个全面的人，即照顾到其身体、道德和智力的和谐发展，使其具有全面的知识、广阔的视野和完整的人格，使其成为一个“有教养”的人。

第一个给通识教育作出明确定义的是美国博德因学院（Bowdoin College）的 A·S·帕卡德（A. S. Packard）教授。19 世纪初，部分美国学院开始实行选修制，允许学生选科或选课，这使不同学生所学的课程之间出现很大不同，当时“大学生学习课程是否需要一些共同的部分”成为争论的焦点。A·S·帕卡德教授于 1829 年撰文为大学本科课程应该有共同部分这一观点进行辩护，他在文中指出：

“我们学院预计给青年一种通识教育，一种古典的、文学的和科学的，一种尽可能综合的（comprehensive）教育，它是学生进行任何专业学习的准备，为学生提供所有知识分支的教学，这将使得学生在致力于学习一种特殊的、专门的知识之前对知识的总体状况有一个综合的、全面的了解。”

在 19 世纪初以及以后的一段时期里，A·S·帕卡德所指的“特殊的”“专门的”教育在高等学校还不突出，因此他所提出的“通识教育”概念并未引起人们太多注意。直到 20 世纪初，“通识教育”一词开始较多地出现于一些评论学院教育的著作当中，如迈克约翰在 1920 年出版的《文理学院》（Liberal Arts College）一书中，在为四年制学院中的前两年教育阶段辩护时说：

“如果（四年制学院）要办得成功，在前两年的教育中应该确立通识自由教育（General liberal education）的观念。”

10 年以后，在《美国高等教育汇编》（Compendium on Higher Education in America）一书中，奥柏林学院的院长魏金斯（Wilkins）也使用了这个概念：

“因此，学院教育，部分应该是一般的（general），部分应该是专门的（special），部分应该是宽广的（extensive），部分应该是专深的（intensive）。”在 1932 年出版的一份题为《自由艺术教育的变革与经验》（Changes and Experiences in Liberal－Arts Education）的报告中，“通识教育”一词也出现过五六次。但总体来说，通识教育在20世纪30年代以前不是一个普遍使用的词语。上面几种著作或报告也是在对其含义未加仔细考究的情况下使用的。

从20世纪30年代中期起，大学常常把恢复与共同必修课程（它们曾在选修制改革中失去地位）有关的各种教学改革、实验冠以“通识教育”之名。专家学者也越来越热衷讨论有关通识教育的理论和实践问题，有关文献非常之多。关于通识教育的内涵，在已有文献中的表述是多种多样的，迄今为止尚没有一个公认的、规范性的表述。各种文献及各个作者对“通识教育”概念的内涵几乎都有各自的界定。正如A·C·厄瑞克（A. C. Enrich）指出的：“每一个使用这个术语的人的头脑中都有某种限定性的概念。”因此可以说有多少个作者探讨过通识教育，就有多少种关于通识教育内涵的表述。亚瑟·列文（Arthur Levine）在《本科课程手册》（Handbook on the Undergraduate Curriculum，1978）中曾集中列举了10余种关于通识教育含义的表述，其他著作中有关通识教育定义的表述也极为丰富多样。直到1977年，美国学者还在抱怨：“迄今为止，没有一个概念像通识教育那样引起那么多人的关注，也没有一个概念像通识教育那样引起那么多的歧义。”

人们也曾经为得出一个为认可的通识教育定义做过艰苦努力。美国高等教育界几个很有影响的、由大学校长或高等教育研究专家组成的学术研究团体，为了“提出一个可以被广泛接受的通识教育的新界定”，曾经通过研讨会和集体合作研究等方式进行了三次努力，可最终都以未达成任何一致意见而告终。

尽管通识教育的概念至今没有一个普适的、规范性的表述，但是总体来说，教育界对其性质、目的和内容的认识已经基本达成共识，简言之：就性质而言，通识教育是高等教育的组成部分，是所有大学生都应该接受的非专业性教育；就其目的而言，通识教育旨在培养积极参与社会生活的、有社会责任感的、全面发展的社会的人和国家的公民；就其内容而言，通识教育是一种广泛的、非专业性的、非功利性的基本知识、技能和态度的教育。

2.4.2 通识教育在中国

纵观中国高等教育史，与西方虽有很大不同，但仔细分析，也不乏相似之处。中国古代的“高等教育”，以培养完善的人格为主要目的，重视伦理道德教育，轻视有关生产、生活等实际知识的学习，即所谓的贵“做人”轻“治事”。正如《礼记》中所说“德成而上，艺成而下”，重视做学问本身，而不追求其运用。中国古代教育“轻治事”的特点与古希腊提倡“自由教育”，贬抑“职业技能教育”是有相似之处的。从教育目标来看，中国古代教育旨在培养为统治阶级服务的御用文人，与西方教育培养统治阶级精英的目的也有相似之处。

而近代以来，在中国，以社会为本，突出专业教育的教育价值观又占主导地位。正如台湾一位学者分析的：“把大学定位为专业教育，可谓有史已久。这样的教育理念的产生，应当是与19世纪中叶以来中国屡屡受挫于西方强权的历史有关。自晚清以来，许多中国知识分子总以为中国之所以不如西方，莫过于富国强兵、经世济用的科技上面。为救国而强国，学习西方科技之学被中国人认为是不二之法门。观念之所及，大学被看成是培养高级科技人才的场所。”新中国成立后，由于政治、经济和外交上的原因，中国全面照搬苏联模式，在高等教育方面实行“专才教育”。专才教育体制不断加强、加剧，“重理工、轻人文”成了日益严重的现象。

同西方国家一样，因片面的专业教育在发展过程中带来的种种问题，促使中国的高等教育开始反思并着手进行改革。20世纪80年代以来中国高等教育改革与发展中的一项重要举措就是改革过分专业化的教育模式，主要表现为“淡化专业，加强基础”“拓宽专业”、重视教学上的“学科渗透”等教育指导思想的出现。20世纪90年代中期提出的“素质教育”，充分体现了中国高等教育思想的转变。素质教育体现了一种新型的人才观——21世纪的高级专门人才，既要具备高度专业的科技知识和能力，又要具有高水平的人文修养。由此，专业教育与通识教育相结合成了高等教育发展的新阶段。

近代科学产生以来，科学与人文被人为地对立起来，学术界已形成了一个壁垒森严的世界。金耀基在其《大学之理念》一书中谈道：“科学与人文的对垒在文化上表现为科学人文的关系问题；在教育上，则是学术专门化（专业教育）与通识教育的关系问题。”时至今日，关于人文与科学应消除壁垒进行融合的呼声日渐增高，学者们几乎一致认为科学与人文只有相互融合，才能得到协调发展。相应地，在高等教育上，即表现为通识教育与专业教育的结合，这是高等教育步入新的历史阶段的必然要求。这种必然性可以在以下几个方面得以彰显。

（1）高等教育必须满足社会的需要和顺应科技的发展。在当今的历史阶段，提供高等教育的大学已经不是昔日的象牙塔，它要更多地参与到社会事务当中。大学已经从社会的边缘走向社会的中心，它的发展必须符合时代的需要，培养符合社会需求的高级人才。在科学技术高度专业化的今天，按照学科分化和社会分工情况，在高等教育和学术研究中进行分工细化是社会发展所需要的，也是大学教学和科学研究得以有效运行的基础。不仅如此，专业化还有着强烈的社会驱动力，只有经过适当的专门训练才能具有承担一定的社会责任的资格。因此专业教育的存在既是合理的，也是必需的。但是与此同时，科学技术在高度分化的同时又呈现出日益综合的趋势，这表现为：一方面，现代科学技术不同专业领域之间相互交叉渗透；另一方面，自然科学技术与人文社会科学也出现融合趋势。这就要求人才的知识面必须拓宽，不能限于狭窄的专业领域，要具有广博的学识，有开阔的思路以及高度的综合能力。单一学科已不能有效地解决现代社会面临的各种重大问题，因此，把专业教育与通识教育结合起来，使人的知识、能力与素质结构向综合化方向发展，是顺应科技和社会发展的必然要求。

（2）高等教育必须为人类的终身教育打下坚实基础。随着终身教育时代的来临，高等教育已不是终结教育，它更应该为人的终身学习、为人类步入学习化社会创造条件。在知识经济社会知识成为生活的必需，学习成为生活的一部分，20 世纪那种只要学会一种知识和技能就可以享用终身的时代已经一去不复返了。据研究表明，目前在工业发达国家，平均每人整个在业期间内更换 4 ~5 次工作岗位。随着社会的发展，科学技术与产业结构迅速更新换代，人们的职业和岗位变动将更加频繁。这些情况表明，高等教育如果仅仅教授某些特定专业知识，不论在当时是多么前沿和新颖，都会给学生日后的发展带来“不适应性”。为了增强学生毕业后在社会上的“适应性”，高等教育必须保证在专业教育的同时进行通识教育，使学生具备进一步学习的广泛的基本知识和能力，以保证他们在继续学习中具有足够的学习能力，使他们能够不断接受新的培训以及进行终身学习。通识教育是达到这种要求的重要措施与保证。

（3）实现人的全面发展是高等教育的基本目的之一。联合国教科文组织国际教育报告《学会生存》中称教育的目的是“完人”（whole man），包括“智力、复合人格、情感、美感和身体”，并总结道：“把一个人在体力、智力、情绪、伦理各方面的因素综合起来，使他成为一个完善的人，这就是对教育基本目的的一个广义的界说。”在一定意义上，这也就是实现人的全面发展的观点。在当今社会，专业教育的重要性已不容置疑，但从人的全面发展观来看，专业教育仅仅是一部分。当个人接受过分的专业教育时，他们的知识、能力、情趣的形成同他们所接受的专业化教育是一致的——即和他们学习什么一致，又和他们怎样学习一致。没有完整的知识结构，学生对自我、自然、社会之间的关系很难产生完整的认识，缺乏作为一个对社会负责的人所需的道德、情感、智力、体力的全面发展。高等教育只有在对学生进行专业教育的同时，加强通识教育，使之克服专业教育造成的学生在知识、能力、情趣等方面的种种局限性，才能达到培养“全面发展的人”的教育目的。

（4）重建专业教育中缺失的人文精神是高等教育的一项重要的历史使命。正如国内教育学界的专家顾明远教授指出：“当前高等教育的误区就在于功利主义太强，人文精神不足。”“高等教育需要为社会经济发展服务，需要考虑市场对人才规格的要求，但更要为学生的长远发展考虑，为社会的持续发展服务。为此，高等教育必须重振人文精神。”这一任务在专业教育中是无法实现的，对人进行狭窄的专业教育，把人的知识和能力限定在狭窄的范围内，把人作为“做事”的工具来培养，这使人的知识、能力、思维和情感变得机械，使人变成“理性的工具”，而缺乏人文的关怀。提高学生的人文修养，重建人文精神必须有赖于通识教育的实施。通识教育针对专业教育的弊端，加强学生的人文素养，并致力于“科学教育人文化”“科学教育与人文教育相结合”。通识教育与专业教育的结合能够消除人文与科学的沟壑，促进科学与人文更好地融合，从而重建人文精神。

2.4.3 科学史的通识教育价值

提高受教育者的人文素质，实现现代科学教育与人文教育的有机结合，是一项非常复杂的系统工程，仅就学科建设而言，重视实施科学史教育是必需而且有效的手段之一。如前所述，中外科学史家和教育家普遍认为，在沟通科学文化和人文文化的问题上，科学史能够起到很好的桥梁作用。

2.4.3.1 科学史涉及领域宽、学科跨度大、覆盖范围广，是通识教育的理想课程

科学史是一门涉及许多学科、不同领域的交叉型学科，而本质上它又是一门历史科学。它以人类与自然界对话的历史为研究对象，所以它的内容必然会涵盖自然科学、人类思想、社会历史、地理经济、哲学政治、文学艺术、宗教习俗乃至法律和军事等方方面面。这种大跨度、高集成、全方位和纵横方向的极大延伸等特性，是任何一门学科所不能比拟的，这些特性就注定了科学史所特有的桥梁作用。例如，讲到近代自然科学的产生，就必然要涉及中世纪的神学统治及其经院哲学，就不可避免要联系到文艺复兴。谈及人类对地球形状和大小认识，就必然要涉及亚里士多德的论证和空间观念的第一次大进步以及埃拉托色尼（Eratosthenis）的定量测算，就不可避免要联系到哥伦布发现新大陆和麦哲伦环游世界的成功。地圆说被证明，又必然广开了资本主义的活动场所，促使手工业工场迅速兴起……就这样，一连串各个领域的知识顺着科学史的逻辑链条接踵而至。

可见，沿着科学史这座桥梁行走，能够使学生高效率地获得诸多学科的综合知识，文化素质的提高是显而易见的。应该看到，这绝不单纯是知识在量上的简单堆积，而是不同学科、事件、人物之间的互相联系、启迪与借鉴，是思维开阔的飞跃。有了开阔的思维，解决问题时则左右逢源，即便在“山重水复疑无路”时仍然能寻觅到“柳暗花明又一村”。

而且，从目前来看，科学史几乎是高等学校的学生在课堂上系统地接受其专业以外的其他科学技术知识及其发展历史的教育的唯一机会。科学史教育，不但使理工科专业的学生能够比较系统地了解整个科学技术知识体系的内容、结构及其深刻的发展历程，而且还使他们由此了解到自己所学专业在整个科学技术知识体系中的位置、作用以及本专业与其他邻近科技领域内各学科间的关系，这在很大程度上有助于他们对自己所学专业进行更深入的理解。

科学史是一个涉及科学知识的全景和贴近科学发展前沿的窗口。它在向学生广泛介绍科学技术知识，从而强化学生的知识结构，开拓其知识视野的同时，带动学生科学思想的活跃，可以促进学生跨学科学习和研究的兴趣的形成和能力的提高。科学史教育还通过向学生介绍跨学课研究的前沿课题和成果，从而为部分学生日后的研究生教育阶段打下基础，将其引导到更适合自身、更有兴趣、前景更广泛的专业选择上去。

2.4.3.2　科学史有助于培养历史意识

科学史联结中外，纵贯古今，横跨文理，包罗万象，内容十分十富，这既为教师的讲授提供了丰富的素材，也为教师思想的驰骋提供了足够的空间，当然也向教师高屋建瓴总揽全局深入浅出地讲解提出了挑战。科学史内容的博大精深与课时的有限及学生学业的繁重构成了一对矛盾，这一矛盾如果解决不好，不但不能实现在通识教育中开设科学史课程的初衷，甚至还会产生消极影响。为此，在讲授科学史课程的过程中，必须突出主线，简明扼要。

科学史属于历史学的范畴，在授课时要充分体现这一点，把科学技术发展的历程揭示出来，以此来培养学生的历史意识。历史意识是一种高级思想体验，只有具备历史意识的人，他的知识结构才是健全的，才会用发展的眼光看问题，才会对人更加宽容、对事更易理解，才会在面对各种问题时，采用更符合时代条件、社会实际的态度去寻找相应的答案。在培养学生的历史意识方面，科学史大有用武之地。科学不是用一个个概念串起来的，也不是用一堆堆成果堆积起来的，而是从活生生实践的历史中走出来的，是一个有机的整体。讲述科学发展的前因后果，有助于学生形成科学的历史观。在这一方面，目前现有的科学史著作，特别是中国科学史著作，很多注重对细枝末节的考证，忽视了对宏观发展过程的把握；注重对具体科学史事件的研究，忽视了对隐藏在具体科学史史实后面的更深层的原因和背景的探讨。缺乏对因果关系的探讨的著作，极容易误导学生的思维方式，使那些缺乏历史感的学生产生一种错觉，认为他们在其他课程中接触到的那些科学概念是先天就有的，或者是科学家造出来的，从而不知不觉形成先验论的思想方法。任何科学知识体系都有其历史的发展演变过程，科学史教育通过揭示这个过程，培养学生的历史意识。

2.4.3.3 科学史有助于培育科学精神和科学方法

大学时期是科学精神形成的重要时期。理工科各专业学科的学习和训练固然对培育科学精神有重要作用，但科学史教育在科学精神的形成上可产生的主导性影响却显得更为突出。

科学精神的一个重要方面是在科学发现和技术发明上不懈的追求精神和创新意识，而一部科学发展的历史则正是科学发现和技术发明不断创新以及科学家、发明家为此贡献毕生的历史。科学技术发展的历史生动地表明：一方面科学技术永远不会停留在已获得的成就和所达到的水平上，而总是不断地对此有所超越、有所创新，科学技术自身的生命力就在于创新；另一方面，科学技术的每一个进步和创新，都需要一代甚至几代科学家为之付出艰苦卓绝的劳动。从古至今，一代又一代的科学家，为了大大小小的创新而贡献毕生精力，包括以牺牲健康甚至生命为代价，科学家们敢于不断发现问题，用新的思想和方法提出问题和解决问题为此而百折不挠的精神有着催人向上、激励追求和创造的感召力。青年学生往往特别关注杰出的科学家奋发创新、锐意进取的精神，这种感召力一旦在年青一代的身心中产生广泛的影响，就会成为他们成长进步的一种精神动力。

科学精神的另一重要表现是严谨、求实的治学态度。这在科学家身上表现得比较突出，也特别容易感染年青一代。把不同时代的各个不同科学技术领域中的各种类型和风格的科学家共有的创新与追求精神集中起来加以评介，可以起到培育科学精神的教育功能。

科学方法是人类在认识世界的实践活动中总结出来的思维方式和操作方式，是人类认识自然的有效手段和工具，在科学研究中被认为是产生知识的“知识”。科学精神是科学素质的灵魂，是思想观念、价值观念和行为准则的综合体现。“工欲善其事，必先利其器”，科学发展的每一步几乎都离不开科学方法的改进。英国学者史蒂芬·F·梅森在《自然科学史》中说“比起任何特殊的科学理论来，对人类价值观影响最大的恐怕还是科学的方法论”。科学的发展史首先是一部思想方法的演变史，从分析、综合、归纳、演绎、类比、逻辑和历史的方法到假说方法、模型方法、系统方法、理想试验方法等，都蕴含在科学探究活动之中，是知识的内核与脉络。伽利略用“实验、归纳与数学演绎结合起来”的方法开创了近代科学史的探索之路，他的方法经牛顿的发挥和推广逐渐成为科学方法的典范。在探索科学的过程中，科学家创造的研究方法对后人的影响有时不亚于他们的科学发现。科学史教育中一个非常重要的内容就是关于科学的历史上科学方法的演变和影响。

2.4.3.4 科学史有助于训练思维能力

科学知识不仅是人类认识世界的结论，而且是人类认识世界的智慧结晶，它本身就蕴含着人类认识的方法和心智操作的方式。现代教学论认为，教学过程的发展功能是指通过教学，有效促进学生智力、能力、情感、意志等心理品质和学生的创新精神的发展，培养学生的认知兴趣和探究能力，即促进学生素质的全面发展与提高。科学史教育能够很好地实现发展价值。因为科学史不仅揭示了人类的认识成果，更重要的是揭示了人类在这一过程中的思维的火花、求知的态度、探究的方法。在科学史教学中通过重演和再现知识的发生过程，把镌刻在教材知识之中的智力因素充分展开，展现科学家思维发生发展的轨迹，从这个意义上说，科学史教育正是学生在知识的获取过程中对历史形成的人类认识能力的再现和重演。这种再现和重演，不仅使学生了解科学结论的由来，而且使学生对人类的认识能力得到复制与积淀，以至发展和提升。正如物理学家M·V·劳厄（M. V. Laue）所说：“重要的不是获得知识，而是发展思维能力，教育无非是一切已学的东西都被忘掉后仍然留在你心中帮助你解决新问题的那种科学思维能力。”

2.4.3.5 科学史教育为提高学生的科研能力提供了一个广泛的基础

现代科学技术的一个重要特征是多种科学技术学科之间在思想、理论、方法乃至工具上的相互渗透和影响。在这种形势下，纯粹的单一领域研究的可能性日渐缩小，纯粹的单一领域的研究能力也日渐薄弱。因此，对科学技术各领域的知识、理论和研究方法进行较为系统和全面的了解，越来越成为现代科学技术研究能力中的必备因素。现代科学技术研究，即使课题本身不是跨学科的，其研究方法却往往显示出某种程度的跨学科的综合特征，DNA 双螺旋结构的发现就是一个典型的例子。虽然课题本身属于分子生物学，但它的成功却是物理学、化学、生物学多个领域的科学家共同努力的结果；而且，无论从哪个领域进入这个课题的研究者，几乎都要具备两种或两种以上的学科知识以及相应的能力。因此，科学史教育可以作为培养现代科学研究所必需的综合知识和能力的一种“启蒙教育”。能力并不是知识的简单积累和叠加，但必须建立在相当数量的知识储备的基础之上，所以现代科学技术研究所要求的综合能力，也就不能不在一定程度上依靠于广泛的综合科技知识。在这个意义上，作为通识教育的科学史教育在现代科学教育中的地位就显得更加重要。

2. 4. 3. 6　科学史教育通过体现科学精神和人文精神的交融培育学生的整体素质

科学史教育在整体上从各个方面和诸多层次上体现着深刻的人文精神。科学家对科学研究的执着信仰，对宇宙奥秘的思索和追求的巨大热情，他们在探索道路中所付出的高昂的精神代价和生命代价，以及科学认识和认识过程本身的迷人光彩等，无不深刻体现着人类的心灵、情感和理智对真、善、美的渴望、追求和理解。也正是通过对自然界的探索中所反映出的对真、善、美的渴望、追求和理解，科学家和发明家不仅以他们特有的方式创造性地表现了人的自身存在价值和人的认识的特殊价值，而且还不断地开发着人与自然界之间对象性关系中的“共存价值”，这又是人对自身价值的一种超越。在这个意义上，科学史把科学精神融入了人文精神，体现了科学价值和人文价值的统一。

科学界在发展科学的过程中，逐渐形成了一些共识，例如从自然本身出发来解释自然的信念，不迷信、不盲从的理性批判意识；注重实验、讲求实证的实践精神等。这就是我们所说的科学精神，科学精神是科学的灵魂。作为通识教育的科学史教育，其过程本身就包含着对科学精神的弘扬。

作为通识教育的科学史教育，在整个教育过程中也充满着人文精神。科学活动处理的是人与自然的关系，活动的主体是人，因此，要发展科学技术，科技工作者首先要处理好人的关系。这些关系，就包含了人文因素在内。所谓人文精神，从某种意义上说，主要体现在人能否正确对待自我，对待他人、社会和自然。这些因素既是科学能否发展的前提，更是人类社会肌体是否健康的关键。科学正是在自身的发展过程中，逐渐认识到了人文精神的重要性。一部科学发展史，实际上就是一部人类不断完善自己、发展自己、提升自己，使自己从“自在”状态过渡到“自为”状态的历史，这正是人文精神的体现。作为通识教育的重要组成部分的科学史教育，对此应该有充分的反映，以期使学生通过学习，能够正确对待自己和他人，学会与人合作共事，对群体、社会和国家建立应有的责任感。

此外，在科学史教育的内容中，处处体现着科学技术的发展与每个时代的社会发展的深刻联系，表明了科学技术作为一种社会建制在人类社会及其历史发展中的地位和作用，展现了科学技术在每个时代与政治、经济、哲学、宗教、艺术乃至战争等各种社会意识形态和社会行为之间种种微妙、复杂的关系。这一方面表明，任何时代的科学技术都是以特定的人文精神为背景的；另一方面也表明，人类社会每个历史时期的人文精神都不可避免地有科学精神的嵌入。

2.5 STS 与教育

2.5.1 STS 的界定

所谓 STS，即对科学技术进行的交叉学科的研究，具体来说，目前在学界有两种含义：一种是“science and technology studies”，即“科学、技术与社会”；另一种是“science，technology and society”，通常翻译成科学技术论、科学技术学、科学技术元勘等。本章在前一种意义上使用 STS。

虽然对于科学技术与社会之关系的研究可以追溯到很早的时代，但一般认为，STS是大约在20世纪60年代末、70年代初诞生于美国的一个新兴的学科，在其迅速的发展中，也在欧洲许多国家得以传播。从STS这一学科产生的背景来看，与发达国家因其在科学技术方面的领先以及在科学技术之应用方面的深入和普及，所导致的科学技术的社会化及社会的科学技术化密切相关。在美国，对于STS常见的观点，有广义与狭义两种。在广义的理解中，STS体现为一个学科群，是科学史、技术史、科学哲学、技术哲学、科学社会学、技术社会学、科技政策研究等学科对科学、技术与社会的相互关系的研究的总称。大多数学者持此看法。在狭义的理解中，STS则是以传统的科学史、技术史、科学哲学、技术哲学、科学社会学、技术社会学等学科为基础，在更高的水平上进行理论综合，并由此而形成的融合了上述传统学科的基本内容、追求对科学、技术与社会的相互关系的新理解的一门新兴的交叉学科。在某种意义上，狭义的STS可以视为是广义的STS进一步发展。

2.5.2 国外若干科学教育标准中的STS内容

抽象地谈STS与基础科学教育是一种方法，但具体地对一些重要的国外科学教育文献的内容进行分析，将有助于我们更加直观地了解当前的动向。下面，我们将选择一些相关的课程标准或教学大纲类的文献，并对相关的内容进行简要的介绍和评说。

2.5.2.1 荷兰的教学目标

1993年8月，荷兰的初中开始引入了新的教学大纲，这份大纲后来又经修订。在这份大纲中包括了强制性的“需要达到的目标”。其中，包括6类一般性的目标，这6类目标包括一些技能和一些跨学科的论题：

（1）交叉学科领域的主题；

（2）学会去做；

（3）学会去学习；

（4）学会去沟通交流；

（5）学会去思考学习过程；

(6) 学会去思考未来。

在上述分类中，与 STS 相关的内容主要体现在第一类目标中，它们“来自社会现象，例如像在人和自然之间的关系，以及对于社会、艺术、文化和摆脱束缚来而言技术发展的重要意义”。具体一些说，在交叉学科领域的主题中，就提到“技术发展的社会重要性（包括现代信息与交流技术)”；在学会去做部分，要求遵从“环境的、卫生的、保健的、人类工程学的标准”；在学会去学习部分，要求“系统地探索简单的技术、科学或社会的问题”；在学会去沟通交流部分，更有特色地提出要“认识和探讨与文化方面和与性别相关的相似性和不相似性”。

除了这些一般性的原则之外，在更具体到物理学与化学的教育方面，对于所要求的教学活动，此教学大纲提出要“获得把科学概念和科学方法与男孩和女孩都能认识的物质现象联系起来的能力”，要“获得对于在自然、技术和环境之间的关系，以及对于可持续发展概念的深入认识”，要“获得对科学和技术的发展的社会重要性的深入认识”。在物理学与化学的技能方面，“学生应该能够认识社会环境中的物理与化学的侧面，并意识到与之相关的有利之处和不利之处”，这种要求也明确地体现在像热学部分有关能源的问题上。最终，在各具体学科的问题之后，“自然与环境”作为一个总项，要求学生能够在所学的具体科学知识的基础上，“学会把自然、环境与可持续发展联系起来”。

2.5.2.2 挪威的基础教育课程文件“科学与环境”

这是一份将科学教育与环境教育综合起来的基础教育要求文件。与其他只冠名以“科学”教育的教育标准相比，对环境教育的重视更加明确，目标是使学生越来越意识到对于自然环境所应承担的责任感。在总的教育目标中，这份文件的观点是：“科学与技术的教学，以及对自然界中内在关联的教学，是要帮助学生获得适当的知识、技能和态度，这些内容是他们成为积极主动的公民和参与可持续发展所必需的。要审慎地利用资源，要让人们参与事关其共同未来的决策，个人就必须拥有他们所需要的知识，以便理解他们和其他人所作出的抉择的后果。”“从社会的观点来看，科学和技术提供了张力，也表现出悖论。科学和技术可以帮助我们更加健康，去过有意义的、有尊严的生活。但如果科学和技术被误导，它们也可以有害于自然和环境，损害未来后代的生存条件。”像这样事关可持续发展的观念和要求，显然是 STS 中很重要的内容。此文件在教育目标中，也非常注重科学思维和科学方法的方面以及历史的方面：“科学与技术随时代而变化，新的理论取代旧的理论。在我们的一般知识中，很重要的一部分内容就是对这些历史发展、社会价值和新的科学技术发现的环境的认识。与此同时，这些知识必须被置于伦理的语境中，以维持我们的社会的根本价值。”

就此课程的一般目标，此文件也将 STS 中对环境和社会方面的要求明确地列入其中。学生被要求学会获得一种关于技术、各种物理现象以及物理世界图景的洞察力，并能将这种洞察力用在他们的日常生活中和社会生活中。同时，也要求学生们获得一种对于自然界的内在联系以及在人与自然之间的相互作用的洞察力，让他们了解实际的科学思维和科学方法，看到科学的发展，认识到科学技术对于社会发展的影响，认识到自然科学是构成我们的文化遗产的一个重要的组成部分。

针对 1 ~2 年级，此文件规定的学习领域被分为“自然界的多样性”“物质：它们的性质与用途”“物理世界”等部分。从 3 年级起，物理世界变成为“物理世界图景”，而有关 STS 的内容也大多体现在这一部分的要求中。例如，5 ~7 年级，学生要了解有关电、磁、光、声在过去和现在的日常生活中的重要性；在 7 年级，知道要能描述如果没有了电，他们的日常生活会是怎样，以及学到电在现代社会中的实际重要性；在 8 ~10 年级，学生要知道技术的进步如何影响了我们关于外层空间的知识，知道技术的发展怎样影响了我们对于能源的利用，知道有关这样一些利用所具有的正面和负面的后果的例子。在 10 年级，要求学生了解电学领域中一些重大的发现和发明，包括静电和电本身的发现；了解附近的供电系统，讨论在家中节电的各种方法。

从这份文件涉及的 STS 内容来看，其特色是关注环境意识，关注技术对社会的影响，关注科学和技术在个人生活和社会生活中的应用。

2.5.2.3 加拿大安大略的科学教学大纲

这是一份由加拿大官方——教育与培训部在 1998 年、1999 年制订的科学教育大纲。面向 1 －8 年级的教学大纲导言对科学和技术进行了明确地区分，并指出，“科学和技术都是在更加广阔的社会和经济背景中存在的。它们受到个人和政府的价值与选择的影响，反过来对社会也有重大的影响……因此，重要的是，学生们要在这种更广阔的背景中，把科学和技术看作是人们带有重要后果的努力，他们要学会把他们关于科学和技术的知识与学校以外的世界联系起来。”相应地，科学和技术教育的目标主要有三点：一是理解科学和技术的基本概念；二是培养科学探索和技术设计所需要的技能、策略和思维习惯；三是要把科学和技术的知识彼此相联系，也与学校以外的世界相联系。在对新的教学大纲的特征描述中，这份文件特别提到，更加强调把科学和技术与每一个人相联系以及与学校之外的世界相联系，特别强调对于可持续发展的需要。在各种不同的情况下，都强调了学生对于可持续问题的理解。

面向 9－10 年级的教学大纲导言，给出了科学素养的定义：即在 21 世纪以科学为基础的世界中成长所需要具有的科学知识、技能以及心智的习惯。与以往有所不同，该教学大纲最新的特征是，特殊地强调了把科学、技术、社会和环境（STSE）相联系的重要性，这对于以往只谈科学技术与社会（STS）是一种修正，尽管在 STS 的说法中也蕴含了环境的问题，但却远不如这里所强调的那么明确。“因而，科学不仅仅被看作是一个‘事实’的问题，而是这样一个问题：学生要学会权衡考虑在现代社会中科学技术的发展所带来的事实和价值的复杂的结合。”

在这份教学大纲中，9 年级和 10 年级的科学课程分为学术和应用两部分。在每一部分各个分科的内容要求中，作为具体的预期，只分为三部分：一是对基本概念的理解，二是对于探索和交流技能的培养，三就是将科学与技术、社会和环境相联系。由此可见对于 STSE 中的 E（环境）的特殊强调。而且，在这里，经常提出对于加拿大本国科学家对有关问题的贡献的认识，并结合加拿大本国的实际问题进行评价。例如，在 10 年级的应用课程中，有关物理学的运动及其应用这块内容，就在“将科学与技术、社会和环境相联系”这部分的要求中，要让学生对能够在陆地、水中和空气中得到更快的速度的技术，以及对于运输模式进行投入—产出分析，并要包括环境和安全的因素在内；要学生探索对于汽车运输的替代方式给社区和个人带来的利益和风险；要学生举出加拿大本国和其他国家的科学家对于有关运动的科学和技术做出贡献的实例。

2.5.2.4 英国国家科学课程

这份文件在总论性的观念中提道："科学方法就是通过实验事实和模型形成和评价一些对自然现象的解释。通过科学，学生可以理解主要的科学思想是如何促进技术更新，以及这种更新如何影响了工业、商业和医药业并提高了人们的生活质量。学生通过学习科学将会认识到科学的文化意义，并会探索其全球范围内的发展，同时他们也将学会去对基于科学而又影响他们生活的一些问题以及有关科学发展和世界未来等问题进行质疑和讨论。"

对于初中学生（11～16岁），此文件要求教给学生：

（1）如何提出、评价和传播科学思想（如大众的看法，其他科学家的看法）；

（2）科学争议怎样从对经验证据的不同解释方式中产生（如达尔文的进化论）；

（3）科学工作受其所处环境的影响方式（如社会的、历史的、道德的和精神的），这些环境因素如何影响科学思想被接受与否；

（4）思考用科学解释工业、社会和环境问题的作用和局限，包括科学能或不能回答的问题，科学知识中不确定的成分和所涉及的伦理问题。

2.5.2.5 美国国家科学教育标准

与其他所见到的科学教育标准相比，虽然制订的时间要稍早一些，但这份美国的标准内容更加丰富。在整体上，内容标准被分为8类：

（1）科学的统一概念和过程；

（2）作为探究过程之科学；

（3）物质科学；

（4）生命科学；

（5）地球与空间科学；

（6）科学与技术；

（7）从个人和社会视角所见的科学；

（8）科学的历史与本质。

在这8类内容标准中，有关STS的内容主要反映在“科学与技术”“从个人和社会视角所见的科学”以及“科学的历史和本质”这三部分中。其中，一二部分的目标，是要为学生提供一种理解个人问题和社会问题并采取行动的手段，帮助学生培养决策能力；第三部分则是让学生通过历史来理解科学，理解科学是一个处在不断变化之中的事业，借以阐明科学探究的不同侧面、科学的人性侧面以及科学在各种文化的发展过程中的作用。在所有各项内容标准中，培养学生理解力与内容标准指南是并列的。与环境问题相关的内容，通常被包括在“从个人和社会视角所见的科学”中。

以“科学的历史与本质”这类标准为例，在5~8年级的初中阶段，除了理解科学是一种人类的努力之外，还要求所有的学生逐步理解科学的本质和科学史的一些内容，认为引入历史的范例将有助于学生认识到科学事业在更大程度上是哲学的、社会的和人类的事业。当然，在此阶段，还不是要求学生形成关于完整的科学的一种概观，而是要利用历史的范例来帮助学生认识科学的探索、科学知识的本质和在科学与社会之间的相互作用。

在此阶段，关于科学的本质，所要求的具体内容包括：

（1）科学家利用观察、实验、理论和数学的模型来系统地阐述和检验对自然的解释。虽然从原则上讲所有的科学观点都是试验性的，要有变化和改进，但对科学中大多数的观点来说，存在有众多的实验与观察的确证。这些观点在未来不大可能会有很大的变化。但是，当科学家们遇到与其现有的解释不一致的新的实验证据时，他们的确会改变自己关于自然的看法。

（2）在那些正在进行积极的研究，而且实验或观察的证据和认识还不很多的领域中，科学家们对证据的解释或所考虑的理论彼此不同，这是正常的情况。不同的科学家可能会发表相互矛盾的实验结果，或是从相同的数据中得出不同的结论。理想的做法是，科学家们承认这样的矛盾，并努力发现能解决其分歧的证据。

（3）评价由其他科学家所进行或提出的科学研究、实验、观察、理论模型和解释等，这是科学探索的一部分。评价包括考察实验的程序、检验证据、识别错误的推理、指出超出证据范围之外的陈述，以及对相同的观察提出可供替代选择的解释。虽然科学家们在对实验的说明、对数据的解释方面以及在竞争的理论方面，可能会意见不一致，但他们同意提出疑问和对批评作出回答，开放的交流是科学发展不可缺少的组成部分。随着科学知识的发展，大多数分歧将通过科学家之间的这种互动而最终被解决。

在此阶段，关于科学史，所要求的具体内容包括：

（1）许多个人对科学的传统作出了贡献。对这些个人中某些人的研究，为科学的探索、作为一种人类努力的科学、科学的本质以及在科学与社会之间的相互作用提供了进一步的认识。

（2）在历史的视野中，科学是由不同文化中不同的个人来从事的。在关注许多人物的历史时，人们会发现，许多有较高成就的科学家和工程师被认为是对其文化作出了最有价值的贡献的人。

（3）通过追溯科学史可以表明，科学的革新者们要打破当时已被人们接受了的观点，并得出我们当今认为是理所当然的结论，这是多么困难的事情。

在 9 ~ 10 年级的高中阶段，要求自然也相应地有所提高。除了“作为一种人类努力的科学”之外，与 5 ~ 8 年级相比，“科学的本质”和“科学史”相应地换成了要求所有学生都逐步认识的“关于科学知识的本质”和“历史的观点”，要利用历史来详尽地简述在不同的历史和文化视野中科学探索、科学的本质和科学的不同方面，因为科学史可以帮助学生改进他们对科学的总体理解。就具体的要求来讲，关于科学知识的本质，包括的内容有：

（1）在科学家努力寻求对自然界最可能的解释时，因为利用经验的标准、逻辑的论证和怀疑的精神，而使科学自身不同于其他的求知方式，也不同于其他的知识。

（2）科学的解释必须满足某些标准。首要的是，科学的解释必须与关于自然的实验与观察的证据相一致，必须对所研究的系统作出准确的预言。它们必须是符合逻辑的，遵从证据的裁决，不回避批评、记述方面和程序，并且使知识公开。对于自然界怎样变化，在神话、个人信仰、宗教价值、神秘的启示、迷信或权威的基础上作出的解释，可能对个人有用并与社会相关，但却不是科学的解释。

（3）由于所有科学的观点都依赖于实验和观察的确证，所以从原则上讲，所有的科学知识都会随着可以得到的新证据而变化。像能量守恒或运动定律这样的核心科学观念，已经经历了范围广泛的确证，从而在它们已被检验的领域中，不大可能变化。在那些资料不完整或认识不完备的领域中，例如像人类进化的细节，或关于全球环境变暖的问题，新的材料很可能会在目前的观点中带来变革，或消除目前的观点不一致。在资料不完整的情况下，通常科学观点也是不完备的，但这也可能正是取得进展的机会最大的情形。

关于历史的观点，规定的要求包括：

（1）在历史中，不同的文化对科学和技术的革新都作出了贡献。几百年前，近代科学在欧洲开始迅速地发展。在过去两个世纪中，它对西方和非西方文化的工业化都作出了重大的贡献。然而，其他非西方的文化也发展了科学的思想，并通过技术来解决人类的问题。

（2）通常，科学中的变革随着现有知识中较小的修正而出现。科学与工程的日常工作，在我们对世界的认识以及我们满足人类需要和抱负的方面带来了不断增加的进展。通过学习个体的科学家，学习他们的日常工作，学习他们在其研究领域中为增进科学知识而做的努力，可以使学生就科学的内部工作和科学的本质学到许多东西。

（3）间或发生的是，有些科学和技术中的进展对科学和社会产生重要的、长久的影响。这种进展的例子包括：哥白尼革命、牛顿力学、相对论、地质的时间尺度、板块构造地质学、原子理论、核物理学、生物进化、微生物理论、工业革命、分子生物学、信息与通信、量子理论、银河星系以及医学和保健技术。

（4）对科学解释的历史考察，证明了科学知识怎样随时间的演进而变化，并且总是建立在更早些时期知识的基础上。

除了以上所谈的文献之外，其他一些教育标准类的文献也同样包含着重要的信息。例如，澳大利亚首都地区科学课程框架（1～12 年级）中，在涉及对科学的定义时，定义中就明显地渗透着来自 STS 的理解，涉及对科学的历史的看法，对科学方法的看法，对科学观念、精神的看法。同时，也注重强调环境教育的重要性，强调对性别，强调性别与科学以及性别与科学教育问题的关注。如此等等。至于像在美国的“2061 计划”中的有关内容，因第三章当中已有介绍，这里就不再赘述了。

2.5.3 STS 在基础科学教育中的影响

从以上几份国外有关科学教育的标准，或类似于标准的大纲或要求等文献中，就 STS 内容在其中的渗透与影响，我们可以清楚地看到如下被强调的特征。

（1）对于科学方法的培养。

（2）对于科学态度的培养。

（3）对于科学思维习惯的培养。

（4）对于科学观的培养。

（5）对于科学与技术之差别的认识。

（6）对于科学（主要是技术）在社会生活方面的影响。

（7）对于科学技术内容的具体应用的认识。

（8）对于人与自然的关系、可持续发展概念，以及科学（主要是技术）的环境影响的认识。

（9）通过对科学史的学习，加深对科学的本质的理解。

（10）对于社会责任感的培养。

（11）对于在理解科学技术的本质的基础上作出合理决策的能力的培养。

以上各项目标，可以说分别涉及了科学观、科学方法、历史的观点和科学的伦理学。从各标准制订的时间顺序，也即从发展的角度来看，在 STS 的内容方面也是一个不断加深的过程，例如对于环境和可持续发展问题越来越明确地强调，甚至于对性别问题的提出等。

在这里，我们还可以再举出一个具体的，但又更加富于理论色彩的例子，即在国际基础科学教育中，目前对“科学的本质”的看法。有学者对于在 8 种国际科学标准文献中总结出来的对于科学的本质的一致性看法，它们分别是：

（1）科学知识是多元的，具有暂时特征。

（2）科学知识在很大程度上依赖观察、实验证据、理性的论据和怀疑，但又不完全依赖这些东西。

（3）通向科学没有唯一的道路，因而没有一种普适的一步一步的科学方法。

（4）科学是一种解释自然现象的尝试。

（5）在科学中，规律和理论起着不同的作用，因此学生应明白，即使有额外的证据，理论也并不变成规律。

（6）来自一切文化背景的人都对科学作出贡献。

（7）新的知识必须要清楚地、公开地得以报道。

（8）科学家需要保存准确的记录，需要同行评议，需要可复现性。

（9）观察渗透理论。

（10）科学家要有创造性。

（11）科学史既揭示了科学的进化的特征，也揭示了科学的革命的特征。

（12）科学是社会和文化传统的一部分。

（13）科学和技术彼此影响。

（14）科学思想受到其社会和历史环境的影响。

近年来，中国的基础教育课程改革项目也已全面启动，各科的国家基础教育课程标准正在陆续出台，其中，将体现国家对不同阶段学生在知识、能力、态度等方面的基本要求，将规定各门课程的性质、目标、内容框架、教学建议，评价标准等，这些既是国家管理和评价课程的基础，也是教材编写、教学与评估以及升学考试命题的依据。在这些课程标准的改革中，需要处理现代社会科技进步与学生发展的关系；倡导从学生的兴趣和经验出发，结合社会、科技的发展，重组各门课程的学习内容，体现综合性。相应地，内容将包括要在义务教育阶段的理科课程教育目的中所体现出来的有关科学素养的养成，知识与技能，过程与方法，科学精神与科学态度，对科学、技术与社会相互关系的理解等。从这些强调中，我们也可以看到中国基础科学教育发展的某种趋势。

2.5.4 科学哲学中的建构主义与基础教育

目前，无论是国外还是国内的学术界，特别包括教育界，建构主义（或称“建构论”，constructivism）都是一个重要的概念，而且也是非常有影响的学术思潮。国外教育界，在科学和数学的教育领域中，建构主义产生了重大的影响。由建构主义研究的重要中心之一的英国利兹大学给出的一份 1990 年的文献目录中，就开列有 1 000 多种著作。在 20 世纪 90 年代初，也有人估计，在教育类杂志上，当时差不多有 2 500 篇受到建构主义启发的学术研究论文。

在 20 世纪 80 年代末至 20 世纪 90 年代初，在美国教育界颇为风行的建构主义学习理论思潮开始传入中国，并备受教育改革者们的青睐，被当作一种向传统教学方式发起挑战的理论武器。但是，在国内的相关研究中，对于建构主义的理解尚有不够全面之处，大多是把建构主义作为一种教育理论或学习理论来进行介绍和讨论，在很大程度上忽视了它在此之外的其他含义与影响以及建构主义学说的多样性，包括它对在学习过程之外的关于科学知识本身的认识所带来的影响，如来自科学知识社会学以及建构主义科学史的影响等。下面就此问题来探讨国内外的相关认识。

2.5.4.1 国内教育研究界的视野、关注点与认识理解

首先，在国内的科学教育研究界，在引进、介绍和研究建构主义学说时，有这样一种非常典型的观点，认为“当今的建构主义是皮亚杰等思想的发展，他们强调学习是建构意义的过程，它包含两方面的建构，并强调学习的非结构性和具体情境性以及学习中的社会性相互作用；他们提出了情境性教学、自上而下的教学设计、随机通达教学等教学进程设计思想；在发现学习、接受学习的基础上又提出了支架式教学的教学模式；另外，他们重视通过合作学习和交互式教学而实现的相互作用在学习中的作用，对当今的教学改革很有启发。”（张建伟等，1996）可以说，这确实是一种很典型的观点。

一方面，它给出了在国内教育领域中研究建构主义的意义，即把它作为一种可以用来改变国内教育现状和促进教育改革的理论工具，针对以教

师讲授为主，学生只是被动地接受知识的教学习惯，把它作为一种“解毒剂”。因为从这种建构主义教育理论的观点来看，教师的教学过程虽然看起来是在“传递”知识，但实际上只是在有意无意地促进学生自己积极地建构知识，特别是“建构意义”的过程而已。

另一方面，这种观点的典型性是在于对建构主义理解上的某种以偏概全。有人甚至以全称的描述明确提出：“现代建构主义主要是吸收了杜威的经验主义和吉恩·皮亚杰的结构主义与发生认识论等思想，并在总结20世纪60年代以来的各种数学教育改革方案的经验基础上演变和发展起来的。”（范文贵、韩学振，1997）当然，以吉恩·皮亚杰的学说为代表的建构主义学说确实在教育中扮演着非常重要的角色，但在如今形形色色的建构主义理论学说中，这种建构主义的理论只不过是其中的一支。虽然也有人在对国外文献的检索中注意到的一些涉及科学知识社会学及科学史中的社会建构论对科学教育的影响的文献，甚至注意到美国的科学教育的重要文献之一《国家科学教育标准》主要是以建构理论为其指导思想的，但也仍然在论述中没有将这方面的问题进行讨论，而只集中于关注建构主义在纯教学过程中的意义（丁邦平，2001）。或者是，有人虽然注意到了主要的几种不同的建构主义流派，如认知的建构主义、社会建构主义和激进的建构主义等，并有保留地指出了其对于我们教育改革的意义，但却几乎完全忽略了来自科学知识社会学（SSK）以及相关的与科学史中建构主义的研究及其对教育的影响。而且在评论中，虽然也谈到建构主义与我们以往强调的客观真理的观念的不同，认为建构主义不再关心知识与客观世界是否一致，是否“真”等，但由于只是关注到了建构主义的学习理论，依然略去了在我们在教授要学习的知识之前人类对知识自身的“建构”（温彭年、贾国英，2002）。

在这样的理解之下，有些研究者即使在谈到社会建构主义（social constructivism）时，也多主要以俄国心理学家L·S·维果茨基（L. S. Vygotsky）及其学派的学说为主要来源，认为“社会建构主义是指个体在社会文化背景下，在与他人的互动中，主动建构自己的认识与知识。与其他建构主义理论一样，社会建构主义也把学习看成是个体自己建构的过程，但它更关注这一建构过程中社会的一面”（王文静，2001）。这种对社会建构主义的理解显然也只是对众多社会建构主义在学习理论限制下的一种狭义的理解。在这样的理解中，自然会将诸多作为科学哲学、科学社会学和科学史中重要指导思想并富有成果的社会建构主义排除在外。当然，在国内教育研究者中也有极少的例外，像近来在《全球教育展望》杂志上的一篇文章，也谈到了在科学教育中科学的知识观问题，认为科学知识应当明确地和深信不疑地被看作是个人和社会建构的。理论需要被看作是临时性的，不是绝对的。这和在其他教学方法中把科学知识描绘为客观的、没有疑问的和一成不变的（常常出现在教科书或正式的讲义中）的观点相反，而是把科学知识看作是通过个人的经验探索发现的（侯新杰，2001）。可惜的是，像这样的认识与声音实在是太少了。相反，在国内绝大多数研究者中的主流做法，却只是在前面提到的对建构主义片面理解下，将其应用于各种具体的技术性教学手段。

2.5.4.2　国际教育研究界的观点

在国外对建构主义这样一种热门的论题的研究中，建构主义与教育的关系同样是研究者们关注的重要问题之一，但却又不像国内教育研究界那样视野局限。一个典型的例子，是专门研究科学和数学的历史、哲学与社会学对科学教育之影响的刊物《科学与教育》（Science & Education）在1997年所出版的建构主义专号。其中数篇文章就从不同的侧面讨论了建构主义与科学教育的关系，是对科学教育中建构主义之当时的表现的哲学讨论。正如其由著名的建构主义教育理论研究者马修斯在开篇的导论性评论中所言："在当代的科学和数学教育中，建构主义产生了重要的影响。在其后现代主义或'解构主义'的观点中，它在文学、艺术、历史、社会科学甚至神学教育中有重大的影响。在其所有的变体中，建构主义都是被热烈争论的话题。"

当然，重要的是马修斯注意到其"心理学的影响"以及建构主义的学习观。马修斯说："这是建构主义最原初的核心，即一种关于信仰如何被得出，而不是关于如何使信仰为真或将其解释为科学知识的心理学理论。从这一核心出发，建构主义已经扩展到把关于认识论、教学、课程设置、教育理论、伦理学、本体论以及形而上学都包括在内的观点。""但是，即使在其学习理论的核心中，也涉及认识论……因而从核心出发，建构主义必然要涉及对哲学的考虑，不幸的是，这样的考虑正是科学教师因其训练而没有准备好的东西。当然建构主义有许多变体。为了方便的缘故，这些变体可以分成教育的建构主义、哲学的建构主义和社会学的建构主义。第一种变体自身又可再分为个人的建构主义和社会的建构主义。第二种变体在库恩的书中有其直接起源，并由近来美国科学哲学联合会的主席巴斯·范弗拉森对其作出了最有力量的表述。这种哲学的建构主义在贝克莱的科学哲学中有其根源，并可进一步追溯到古希腊的工具主义哲学。自从亚里士多德以来，这种传统就为科学哲学中的实在论者所反对。社会学的建构主义等同于爱丁堡学派的‘强纲领’，以及他们对科学知识社会学（SSK）的研究。在这种传统中，科学的成长，以及在其理论和哲学承诺中的变化，被人们用社会条件与社会利益的变化来解释，而认知内容和理性的推理的解释力量则打了折扣。这也就是说，某些真实而且合理的东西，并不被爱丁堡纲领的拥护者看作是构成了一种解释，说明它为什么让人相信。”“需要承认，许多被用建构主义的名义来谈论的东西已经超越了其原来学习理论的领域……建构主义也有助于教育者们意识到科学的人性维度：它的易谬性、它与文化和利益的关联、在科学理论中约定的地位、理论的竞争性质，及其他更多的内容。”

在另一篇文章中，D·R·吉兰（D. R. Geelan）区分了6种不同的建构主义形式，它们分别是：个人的建构主义（personal constructivism）、激进的建构主义（radical constructivism）、社会建构主义（social constructivism）、社会建构论（social constructivism）、批判的建构主义（critical constructivism）以及与境的建构主义（contextual constructivism）。D·R·吉兰还提到，这些视角的每一种，都为我们理解建构主义提供了不同的侧重点。正如有人比喻的，可以把建构主义描述为一个n边的多面体，它的不同的面代表了建构主义的不同形式。这些面中有些是相邻的、相容的，而另一些面则是对立的并处于张力中，但它们仍然是整体的一个组成部分。当然，除了像马修斯和D·R·吉兰的分类之外，对于建构主义的谱系也还有其他众多的分类。

不过，不同的分类只是表明了一些国外的研究者并没有忽视在纯学习理论意义上的建构主义之外其他的建构主义。冯·格拉瑟斯费尔德（Von

Glasersfeld）可以说是在其本人和他的学派中使吉恩·皮亚杰的认知心理学线索的建构主义得到了相当程度的贯彻，但即使是对于以他为代表的与学习理论关系密切的激进的建构主义理论的分析中，人们也仍然会注意到其超越个人维度之外的社会维度的表现，因为“激进的建构主义并不否认学习中的社会成分”，而且“显然激进的建构主义确实把社会的成分看成是学习过程中不可缺少的成分”，只是“激进的建构主义的认知学习模式还没有对在学习中的社会—文化成分和个人成分之间的相互作用给出适当的解释而已”。因而这种相互作用需要进一步研究。这也正如奥格玻恩（Ogborn）在其《学习科学的建构主义隐喻》一文中所指出的：“关于学习科学和理解科学，建构主义非常有吸引力的图像，把科学知识的本质和学习的本质这样两个非常不同的问题联系起来。”“显然在知识的本质和如何最佳地学习和教授知识之间并无必然的联系，但有一个明显的推论，即学习者需要被教授这种知识的本质。在对这两者应用同一隐喻的意义上，倡导恰当的学习方式的建构主义者经常把这种联系作为必要的东西来对待。”

在科学教育的改革中，教学方法的改革与创新只是一个方面，尽管在教学的过程中，对于科学知识的本质的教授也是必要的一项内容。但另一方面，像对于课程内容的选择与设置等，也同样是改革的重要方面，在这方面，与来自建构主义科学社会学和科学史研究的结果其联系就极为密切了。而且，这种密切的联系在一些重要的基础科学教育改革文献中也有不同程度的体现。例如，1989 年，在英国教育与科学部和威尔士事务部新公布的国家规定的中学科学课程设置中，科学史教学有了更进一步的进展。这份法规性的文件，要求学生和教师了解“科学的本质”。在国家课程设置委员会发表的相应的指南中，甚至出现了“科学是一种人类的建构”这样的典型带有建构主义意味的提法，这样，从法律上，便要求“学生应逐渐认识和理解科学思想随时间的变革，以及这些思想的本质和它们所得到和利用是怎样受到了社会、道德、精神和文化与境的影响，而它们是在这样的与境中发展起来的；在这样做时，他们应开始认识到虽然科学是对经验进行思想的一种重要方式，但却不是唯一的方式”。“科学的本质”就是此课程设置所要求达到的 17 个目标中的最后一项。至于像美国的《国家科学教育标准》和“2061 计划”这样的科学教育改革方案，虽然在叙述上出于某些原因回避了“建构”这样的词语，但其中“科学的历史和本质”或“科学的性质”，都是其中重要的内容要求。在其字里行间，也可以看出相近的含义。如在“2061计划”的科学素养基准要求中，就有像“科学的进步与发明在很大程度上依赖于社会其他部分的状况”这样的说法（美国科学促进协会，2001）。

这种在基础科学教育中要求学生学习和认识科学的性质的做法，必然导致对科学与社会之关系、社会对科学发展之影响，或者更明确地讲，社会因素对科学之“建构”作用的关注。这也正如柯柏恩（Cobern）所说的，他就是要在讨论科学与科学教育的社会建构主义观点时引入社会建构的概念，并论证说：“无论人们对科学知识的性质怎样评论，对科学的学习必定要被看作是一种社会的建构。因而，任何科学课程设置都带有一种社会的视角。”而且，在一种文化研究的意义上，在强调文化的多元性及其对科学发展的意义时，“科学的多元主义就是一种在对科学的社会研究中强纲领的逻辑延伸，它促进了对科学知识和方法的一种激进的社会建构论的看法。”

简而言之，由以上并不完备的对一些国外的观点的介绍分析中可以看出，在国外的教育研究者们当中，无论是就看法上，还是就实际的教育改革行动中，都并不仅将建构主义的理论与实践限于心理学意义上的学习理论，而是超出了这一界限，除了关注在教授学生学习知识的过程中需要注意的建构主义学习理论之外，也注意到与所教授的知识本身的形成和性质密切相关的另一种意义上的“社会建构”。

2.5.4.3　若干结论与分析

结合上述讨论，在这里，我们可以初步地得出如下的结论与分析。

（1）在国内和国外，建构主义（建构论）都是在教育研究领域中被讨论的热门话题。

（2）建构主义实际上包括了各种不同类型的理论。

（3）在教育界对建构主义的讨论中，国内和国外的情况有所不同。国内教育研究者主要集中关注的是认知心理学类型的建构主义学习理论，以及将这种建构主义学习理论应用于各种具体的教学方法，而将另外一类来源于科学知识社会学并影响到科学史的社会建构论几乎完全忽视。比较之下，国外关于建构主义与教育之关系的研究中，则对于后一类社会建构论也有相当的关注。

（4）就与基础科学教育的关系来说，第一类认知心理学类型的建构主义学习理论，主要与教师教授和学生学习已被设定要教授和学习的科学知识的过程相关；而第二类源于科学知识社会学及相应的科学史研究的社会建构论，则与对要教授和学习的科学知识的性质的认识和理解相关，它密切地关系到教学内容的设置和对所设置的内容在更深层次上的理解。

（5）在国际上，社会建构论已经成为在对科学的人文研究各个领域中颇具影响的主流观点之一，但对之也存在有广泛的争议。相应地，对于它在基础科学教学中的体现，也是一个很有争议但却又值得注意和研究的问题。

（6）国内教育研究界对社会建构论的忽视，也与国内对科学的人文研究的普及欠缺有关，众多的教育研究者并不了解这种在国际上渐成主流的社会建构论在科学观上的变化与研究进展。与此同时，虽然近年来国内的基础教育改革已经在强调对于科学、技术与社会（STS）内容的引入，但传统的科学观仍然占据着主导的地位，传统中强调科学知识的客观性的唯物主义仍有根深蒂固的影响。这也在相当的程度上，使广大的科学家和教育工作者难以接受社会建构论的许多见解。

（7）尽管有上述的困难与问题，但包括科学社会学、科学哲学和科学史以及在这些领域中体现出来的建构主义思想在内的 STS，仍是在基础科学教育改革中需要注意的内容，问题只是应该深入研究怎样以适当的方式来引进和吸收它们，并使之成为理想的基础科学教育不可分割的有机组成部分。

2.5.5 科学知识社会学与科学教育

科学知识社会学（Sociology of Scientific Knowledge，SSK）是近年来兴起的科学社会学中的一个独特的分支学派，产生于 20 世纪 70 年代。作为当代社会学的主要思潮，它以其独特的视角对科学的本质和科学知识的形成机制进行了社会学分析，并以“知识的社会建构”为核心，对传统科学观和客观主义知识观提出了强有力的挑战，深化了人们对科学的本质和科学知识本质的认识。被誉为美国科学教育改革“圣经”的《面向全体美国人的科学》中，关于科学的本质、科学在社会中的运作的观点，与科学知识社会学的观点是一致的，可见，科学知识社会学的观点正在对科学和科学教育产生重大影响。

2.5.5.1 科学知识社会学的产生

科学知识社会学的思想产生的渊源主要有以下几方面。

（1）19 世纪，德国的图宾根学派有一个“教会编史学”，认为应该把正统的思想与非正统的思想都给予中肯的对待。科学知识社会学的倡导者认为这一观点对他们很有启发。

（2）知识社会学。知识社会学属于欧洲哲学与社会学相结合的产物，但它在 19 世纪二三十年代发展起来以后就停滞不前了。

（3）1962 年科学哲学家库恩以其名著《科学革命的结构》为代表开创了“历史主义”学派的思想。

（4）维特根斯坦后期的哲学。

（5）对传统的逻辑经验主义和批判理性主义科学哲学的反思，科学知识社会学认为这些传统的科学哲学对科学的描述是过分理想化的。

科学知识社会学真正起源于 20 世纪 70 年代英国爱丁堡大学的爱丁堡学派。其主要成员有巴里·巴恩斯（Barry Barnes）、大卫·布鲁尔（David Bloor）和科林斯（Coollins），其中巴里·巴恩斯和大卫·布鲁尔属于开创性人物，科林斯则是爱丁堡学派的领军人物。科学知识社会学自英国起源以后，马上影响到法国。20 世纪 80 年代中期，法国的拉图尔（Latour）受科学知识社会学的启发，运用人类学方法对科学家的研究工作进行观察，写出了《实验室生活》这部名著，奠定了巴黎学派的基础。如今，爱丁堡学派的主要成员大都分散在欧美的其他大学，起源于欧洲的科学知识社会学已在美国落户，美国已成为科学知识社会学研究的中心。

按照爱丁堡学派的开创性人物巴里·巴恩斯（2001）的观点，科学知识社会学“作为一种社会学研究，它主要关心的是科学知识的形成和内容，而不是科学知识的组织或分布”。这样，科学知识社会学与知识社会学、科学社会学就有了明显的区别。科学社会学不研究自然科学的内容本身，它关注最多的是科学的社会建制问题，因此默顿学派成了典型的结构功能研究。而爱丁堡学派则是一种建构主义的研究，它们关心的是科学是如何建构的，以及如何可能产生的问题。

科学知识社会学理论的核心是大卫·布鲁尔提出的关于科学知识社会学应当遵守的4个信条：因果性，无偏见性（公正性），对称性和反身性，由此界定了人们称之为科学知识社会学中的"强纲领"（strong programme）。正是在这种强纲领的统摄下，其他社会科学家对科学进行了微观的自然经验主义的研究，以查明社会因素对于科学知识产生或制造的影响。其中，卡林·诺尔－塞蒂纳（Karin Knorr－Cetina）、拉图尔、伍尔格（Woolger）等人深入到实验室中去了解科学成果是怎样在实验室中产生的，柯林斯等人对科学争论进行考察，以便了解科学共识是怎样从科学争论中产生的。

2.5.5.2 科学知识社会学的思想脉络

科学知识社会学对科学知识的本质和产生机制的分析，以"知识的社会建构"为核心，主要有以下三条思想脉络。

（1）以强纲领摧毁科学知识的客观性。强纲领是爱丁堡学派的大卫·布鲁尔于1976年首次提出来的，主要体现在《知识和社会意象》一书中。强纲领的内涵，按照大卫·布鲁尔的说明，科学知识社会学应该遵守4个信条：

①因果性。能够导致信念或者知识状态的条件应当是因果性的。除了能协同导致信念的社会原因外自然尚有其他类型的原因。

②无偏见性或公正性。不论真或假、合理性或非理性、成功或失败，都要无偏见地加以对待。

③对称性。在解释的式样上要求有一种对称性，比如同样的原因应当能同时解释真实的和虚假的信念。

④反身性。原则上它的解释模式能够应用于社会学本身（大卫·布鲁尔，2001）。

在这里，因果性信条实际上是对研究科学知识成因的基本要求。也就是说，要想知道知识的社会成因，就必须从因果关系角度出发，去研究究竟是哪个信条使人们形成了特定的信念和知识。在此基础上，无偏见（或公正性）信条要求研究者必须客观公正地对待真理和谬误、合理性和不合理性、成功和失败，决不能因为谬误、不合理、失败令人反感或者令人失望，就不去客观公正地对待它们。对称性信条则说明了之所以如此的原因——无论就真理和谬误、合理性和不合理性、成功和失败而言，还是对于真实的信念和虚假的信念来说，它们的社会成因都是相同的。所以，当人们在研究和说明科学知识的社会成因时，必须运用同一原因类型。最后，反身性信条使研究者所坚持和运用的理论本身，也变成了他自己研究的对象。即这种研究必须把他们用于说明其他知识和理论的模式，同样用于对待和研究他自己的理论，从而真正达到对知识的社会成因进行彻底的研究和说明。

在强纲领原则指导下，大卫·布鲁尔首先从分析经验主义与知识的关系入手，在科学知识的客观性上打开了一个缺口。他认为，经验主义强调知识来源于个人的经验，但是绝对客观的个体经验是不存在的（大卫·布鲁尔，2001）。他写道："难道个体经验实际上不是在由人们共享的各种假定、标准、意图以及意义构成的框架之中发生的吗？社会使个体的心灵具备了这些东西，也向他提出了他可以用来维持和强化这些东西的条件。"换言之，任何个体经验都不能脱离特定的社会情境。那么，我们所拥有的科学知识是否是各个个体知识的集合呢？显然不是。大卫·布鲁尔明确指出："它是一种由各种迹象和模糊认识编织而成的故事。所以，我们应当把知识与文化等同起来，而不是使之与经验等同起来。"从这个意义上说，各种理论和知识，在我们的经验中都是既定的东西。另外，在经验形成的过程中，我们还受到各种信念的强烈影响，因为任何人都是在一定的社会环境中去形成经验的，而这个特定的社会环境以它特定的信念影响着我们对经验的判断和取舍。

与经验主义相对的理性主义认为，知识来源于人类的理性，一切知识均源于理性所显示的公理。在理性主义看来，知识是外在于主体的客观存在。大卫·布鲁尔对这种理性主义知识观也进行了深刻的批判。他对被理性主义公认为最客观的学科——数学和逻辑学的客观性进行了解构，以此摒弃知识的客观性。通过对数学的考察，他认为，数学知识是与社会过程和心理过程密切相关的。人们并不是由他们那些观念或者概念支配的，即使就数学这种最需要逻辑推理的学科而言，也是人们支配各种观念，而不是各种观念支配人。为什么会是这样呢？答案只有一个："各种观念都是由于人们不断主动地给它们补充某些东西才增长的。人们把它们建构和制造出来，是为了可以对它们进行扩展。这些对于意义和用法的扩展并不是预先存在的。"（大卫·布鲁尔，2001）这样，大卫·布鲁尔就把数学的发展归因于社会的和心理的因素。

综上所述，大卫·布鲁尔的强纲领所主张的是，一切知识都是相对的，由社会建构的，随着社会情境的不同而有所不同。因此，处于不同社会群体、不同民族之中的人，会基于不同的"社会意象"而形成不同的信念，因而拥有不同的知识。

（2）以信念的研究张扬科学知识产生的社会性。既然科学知识是社会建构的，那么，影响知识建构的社会因素有哪些呢？它们是如何影响知识建构的？科学知识社会学主要借助于对信念的研究来说明这个问题。

何谓信念？巴里·巴恩斯认为，在高度分化的社会中，人们往往把信念区分为两个领域："其中的一个关系到对象、事实或具体事件的世界，另一个关系到价值观、义务、习俗以及制度范畴的体系。"每个人都具有信念，信念有正确的和错误的，但不论正确与否都直接影响我们的思维和行动。任何信念都是一定时期内的信念，因而不可避免地带有特定社会的痕迹，科学家们同样受这些信念的影响，巴里·巴恩斯等人正是从这里切入对科学知识产生的社会性因素进行分析。一般认为，科学家是选择了正确信念的人，因而他们的工作是可信的，也是客观的。但事实果真如此吗？巴里·巴恩斯指出，历史上的哲学家和近代的科学哲学家对此进行了不懈的努力，提出了种种方法来保证信念的正确性，可是结果并不令人满意。

众所周知，经验主义哲学家认为归纳法是人们获得信念的有效方法，然而自从休谟以来，人们开始认识到归纳法本身的局限性，对于这个问题许多哲学家都进行了改进。如波普尔（Popper）提出了证伪和逼真度的概念来尽量保证结果的真实性，还有些哲学家用高概率来作为信念真实性的标准。但是，这些努力并没有排除错误信念的产生。换言之，归纳法的困境使错误信念有了生存的空间。从这个意义上说，我们不可能完全杜绝错误信念的存在。正是由于错误信念的存在，导致科学家的科学成果或科学知识并不必然为真。正如巴里·巴恩斯指出的那样："事实上很容易证明，那些构成了我们所接受的大部分知识的信念，是从理论而并非完全是从经验产物中推导出来的。理论是被置于实在之上而不是从实在中推导出来的。"波普尔提倡理论的证伪，就是看到这种情况的可能性。但是，问题是一旦承认信念不是完全从实在的制约中产生出来的，那么决定科学家们思想的并不是他们的社会承诺，而是他们的社会地位，或者说就是他们所在的社会境况。又如巴里·巴恩斯所指出的："已确立的科学中的活动通常都是受某种关于世界观的理论的指导的。现在，这个理论可能被看作是关于世界的一个图景或一种描述；但它并不是从世界中产生的，而是强加给这个世界的。"（由于约定俗成的原因，科学中使用的一些术语的理论的和非经验的特性，有时会被人们遗忘，因为它们的使用已经变得很自然，而且得到了普遍的认可，人们不再对其进行反思与批判了。换言之，科学家从事科学理论建构是信念在主导他们的分析与思考，而根据这种信念得出的结论，我们能否认它的社会性因素的存在吗？

用拉瑞·劳丹的话说，科学研究中的信念系统就是科学的研究传统，它是一种科学思想和科学方法论体系，它规定了能做什么或不能做什么。拉瑞·劳丹认为："研究传统的问题定向作用，无论在一个研究传统内的具体理论形成之前，还是形成之后，研究传统始终对其构成理论所必须解决的经验问题的范围和重要性有着强大的影响。同样，研究传统对其构成理论所产生的概念问题也有决定性影响；研究传统的限制作用；研究传统的助发现作用。"由此可见，任何科学理论在产生过程中都不能摆脱由社会文化因素构成的环境背景的影响，因而科学知识是社会建构的。从事科学活动的主体——科学家更是在一定信念和研究传统指导下进行科学活动的，科学知识是在一定的社会语境中产生的。正如科学哲学家汉森指出的那样："观察渗透理论，即纯粹客观的观察并不存在。"换言之，任何观察、任何研究活动都要受到行为主体的信念或特定科学共同体内的研究传统的制约。如果没有社会因素的参与，任何观察和研究活动都是不可能进行的。

（3）以实验室的研究揭示科学知识产生的境域性。如果说信念和研究传统只是科学理论产生的宏观的外部社会环境因素，那么影响科学知识产生的具体的、微观的社会环境就是实验室。

科学知识社会学对实验室的研究开始于20世纪70年代后期，这方面研究的代表人物有拉图尔、伍尔加和卡林·诺尔－塞蒂纳。按照卡林·诺尔－塞蒂纳的看法，“对实验室的研究表明，科学对象不仅技术性地在实验室中被创造出来，而且符号性、政治性地被建构。这一思想的一个含义是，人们认识到：在达到目标的过程中，研究不仅干预了自然界，而且也深深地干预了社会。另一个含义是，科学成果已终于被看作是文化实体而非由科学家发现的、纯粹由自然所赋予人们的东西。”

按照客观主义的知识观，事实是客观存在的，正是由于事实的客观存在，人们对事实的认识即科学知识也才具有客观性。但是，卡林·诺尔－塞蒂纳通过实验室研究却揭示了相反的观点。卡林·诺尔－塞蒂纳认为：“事实（fact）是指把事实揭示为已经被制作出来的东西。”这是对客观主义事实观的根本否定。在这个基础上，事实性问题被重新定位，并被视为一种在实验室中建构的问题。这么说的道理何在呢？这涉及科学活动的主体的认知与思考模式，因为事实是由主体来界定的。卡林·诺尔－塞蒂纳解释道：“实验室的选择不是与个体的做决定相关联，而是社会互动和商谈的结果。”而正是在这种互动和商谈中，关于某一事实的看法达成一致，并以此作为基础建构科学理论。也就是卡林·诺尔－塞蒂纳所认为的，这种商谈标志着对科学研究成果的高度选择性的建构与解构，并且导致了对知识连续的重新建构。为了更好地说明在这种建构中对事实的选择问题，卡林·诺尔－塞蒂纳用了一个自然选择的隐喻。卡林·诺尔－塞蒂纳说：“实验室的选择性解释依具体情境和语境（context）而定。以这种方式，可以把自然选择的过程重新构想成一种语境的重建过程。”在这种语境的重建过程中，最重要的是对事实意义的确定，而这种意义的确定，依赖科学家之间的商谈。换言之，对于科学家来说，事物的原始意义包含在他们的实验室推理之中。推理活动在科学活动中的广泛存在，表明他们依赖信念、研究传统、共同体内部的范式的硬性约束以及特定社会的意识形态，从这个意义上说，科学家实际上是一个实践的推理者。那么，这些推理的内容都包括哪些成分呢？惠特利认为："这些成分是由研究实践、方法、解题模型、专业关心的问题以及构成一个领域的研究活动基础的形而上学价值或信念所组成。"所有的实验数据、现象等在这种推理下，都重新变得清晰起来，因而知识得以重新建构。卡林·诺尔-塞蒂纳指出："它意指了这样的事实：一种符号以在不同的语境中具有不同的意义，相同的意义也可以用不同的符号来表达。"这就告诉我们，一切科学研究成果都是由特定的活动者在特定的时间和空间里构造和商谈出来的。由此可以得出结论：在科学知识社会学的视野中，知识与其他事物一样是人制造的，而不是我们通常设想的完全与社会无涉的纯粹客观的东西。

2.5.5.3 科学知识社会学观照下的科学教育

当前，科学知识社会学所主张的"科学知识的社会建构"的观点，不仅成为科学知识社会学家和受其影响的历史学家们的共同具有的观念，而且正在成为科学教育家的共同信念。社会建构"这个术语把注意力引向一种中心的概念，即科学知识是一种人类的创造，是用可以得到的材料和文化资源来制造的，而不仅仅是对预先给定的和独立于人类行动的自然秩序的揭示"。建构论"更像是一种方法论的取向，而不是一组哲学原则，它系统地将注意力指向作为社会行动者的人类在制造（making）科学知识中的作用"。用科学知识社会学的理论观照科学教育，必然引起人们对科学教育观的新的思考，从而尝试重建关于科学教育的知识观、目的观、课程观和教学观。

（1）摒弃知识的客观性，弘扬相对的知识观。科学知识社会学在分析科学知识的本质时，首先对科学知识的客观性进行了否定，第一次在客观主义知识观上打开一个缺口，从而促使人们对科学知识的认识发生了根本变化。科学知识社会学认为，知识不是纯粹客观的，可以把科学知识看成由假说和模型所构成的系统，这些假说和模型是描述世界可能是怎样的，而不是描述世界是怎样的。这些假说和模型之所以有效并不是因为它们精确地描述了现实世界，而是以这些假说和模型为基础精确地预言了现实世界。正如波普尔指出的，由于人们根本就不可能获得完全证实或证明的知识，所有的知识都是一种"暂时的"理论，都是对现有问题的"猜测性解释”，都是有待进一步检验和反驳的，或者说是向进一步检验和反驳开放的。所以，根本就不存在建立在确定性基础上的知识进化和积累，有的只是猜想和反驳，其中“混杂着我们的错误、我们的偏见、我们的梦想、我们的希望”。总之，知识是相对的，是人们对客观世界的一种解释、假说或假设，它不是问题的最终答案，它必将随着人们认识程度的深化而不断更新、升华和改造，并随之出现新的解释、假设。

科学知识具有相对性、暂时性的原因在于它的产生受到社会文化和个人因素的影响。科学知识的产生，不仅受到信念系统、实验室情境的制约，而且受到诸如政治的、经济的、甚至宗教的等各种因素的影响。正如巴伯指出的：“时而是这个，时而是另一个社会因素对科学家有影响，有时是相对有利于科学成长，有时是相对妨碍之，这是不可避免的法则，对于科学来说，没有什么东西是与社会相脱离的。”

（2）重视全面的科学素养，追求多元的科学教育目的观。传统的科学教育在客观主义知识观的影响下，把中小学科学教育目标定位于单一的认知领域，把学生看成是知识的“容器”，认为学生掌握的知识越多越好。课程目标设计服务于知识的线性积累。在这种单一的目标制约下，学生生活在书本世界里，把主要精力花费在记忆上，忽视了科学精神、科学方法和科学思维习惯的培养，使得学生大都缺乏科学素养。

科学知识社会学对科学知识的客观性的否定启示人们，科学知识作为一种科学活动的产物是可变的，不能体现科学的真正本质。“科学的本质不在于已经认识的真理而在于探索真理……科学本质不是知识，而是产生知识的社会活动，是一种科学生产”（夏禹龙，1983）。每一种理论与法则的建立都隐含着科学家们的科学探索精神和科学方法的运用（知识的建构过程）。无论科学知识发生怎样的变化，这种精神和科学方法的运用是始终如一的，这才是科学的本质。这启示人们科学教学目标不仅应该要求学生掌握科学知识，还要培养学生合理的科学观念和科学精神，使其了解科学的社会功能及其负面影响，具备对科学技术进行社会决策的责任感和素养等。在国际上，经过半个世纪的发展，“国际科学教育界普遍认为，在基础教育，尤其是义务教育阶段，科学素养教育应是学校理科教育的重要目标”。根据科学知识社会学的科学观，基础教育阶段科学教育的核心目标是培养学生的科学素养，而科学素养至少包括科学知识、科学技能、科学观念、科学精神和科学审美能力五个方面。科学观念、科学精神、科学审美能力是以往我们的理科课程教学所忽视的，实际上，无论作为科技工作者还是合格的公民，这些素养是必不可少的。科学教育培养的更应该是有知识、有思想、有能力、有情感、能创新的合格公民。

（3）贯通科学技术与社会，倡导综合的科学课程观。科学知识社会学的基本思想是强调科学知识的社会建构性，强调科学的成长离不开社会因素的作用。运用这一思想指导科学课程的设计，就要打破传统的学科中心的课程编制模式，贯通科学技术与社会，设计综合的科学课程。科学知识社会学对于科学课程设计的影响，已经在当代国际科学教育改革的文献中得到反映。例如，1989 年，在英国教育与科学部和威尔士事务部新公布的国家规定的中学科学课程设置中，科学史教学有了更进一步的进展。这份法规性的文件，要求学生和教师了解“科学的本质”。在国家课程设置委员会发表的相应的指南中，甚至出现了“科学是一种人类的建构”这样的典型带有科学知识社会学观点的提法，这样，从法律上，便要求“学生应逐渐认识和理解科学思想随时间的变革，以及这些思想的本质和它们所得到和利用是怎样受到了社会、道德、精神和文化环境的影响，而它们是在这样的与境中发展起来的；在这样做时，他们应开始认识到虽然科学是对经验进行思想的一种重要方式，但却不是唯一的方式”。“科学的本质”就是此课程设假的所要求达到的 17 个目标中的最后一项。

至于像美国的《国家科学教育标准》和“2061 计划”这样的科学教育改革方案，虽然在叙述上出于某些原因回避了“建构”这样的词语，但“科学的历史和本质”或“科学的性质”都是其中重要的内容要求。在其字里行间，也可以看出相近的含义。如在“2061 计划”的科学素养基准要求中，就有像“科学的进步与发明在很大程度上依赖于社会其他部分的状况”这样的说法（美国科学促进协会，2001）。这种在科学教育中要求学生学习和认识科学的本质的做法，必然要求学生认识科学与社会的关系，以及社会对科学发展的影响。或者更明确地说，认识社会因素对科学的“建构”作用。柯柏恩（Cobern）就是要在讨论科学与科学教育的社会建构主义观点时引入社会建构的概念，并论证说：“无论人们对科学知识的性质怎样评论，对科学的学习必定要被看作是一种社会的建构。因而，任何科学课程设置都带有一种社会的视角。”

为了贯通科学技术与社会，必须重构科学课程的内容体系，采用一种内容更为丰富的“大科学课程”模式。这一模式主要不是将大量的内容或某些学科知识内容简单相加，而是从社会、历史、哲学等角度对自然科学内容进行重新编排。如在这种“大科学课程”模式指导下编排的中学物理课程，使学生们不仅仅可以学习到物理学课程中的概念、命题、公式、定理等原来分科物理课程能够学到的东西，而且可以使他们学到有关科学史、科学社会学、科学哲学等方面的内容，认识到物理学知识的发展也是受到社会因素和个人因素影响的。同时，这样的课程内容也可以使学生知道自然科学知识并不仅仅是靠积累得来的，它是自然科学范式不断渐变和不断革命的结果；也可以使他们学到曾经和正在接受挑战的那些概念、命题、公式和定理，学到最新、最系统的自然科学知识，从而使学生建立起“开放的”知识观和“完整的”自然科学知识体系，形成对科学知识和科学方法的社会建构论的看法。

（4）反对各种形式的灌输，坚持建构与对话的科学教学过程观。传统的科学教育受客观主义知识观的影响，把科学教学过程看作是一种将科学知识作为现成结论直接“告诉”给学生的知识传授—接受过程，学生对科学课程的学习方式是被动接受式学习。与此相反，用科学知识社会学观点指导科学教学过程，必须反对各种形式的灌输，大力提倡建构与对话教学。

科学知识社会学认为科学不是独白，而是人与自然、人与人的对话。在对话过程中要学会科学共同体的共有的范式和共同的科学话语，而不是将其转译为自己的语言。在这里，不同科学共同体之间的范式是不可通约的，恰恰是通过对话才能使不同的科学共同体达成共识。总之，我们对于世界的描述“是一种对话，一种通信，而这种通信所受到的约束表明我们是嵌入物理世界的宏观存在”（袁维新，2003）。人们需要通过对话，进行科学“叙事”，事实上，科学的发展也正是建立在理解与对话的基础上的。

传统的科学教学在本质上是一种独白式教学，科学知识社会学主张科学知识的社会建构，必然倡导对话教学。在对话教学中，师生互为对话的主体，围绕着具体的问题情境，在各自不同的立场上阐发自己的思考，最终达成知识的融合和精神的交流。一般来说，对话教学主要包括以下几种方式：

①“人与物理环境的对话”，这是一种变革现实的活动性对话，是在人（学习者）与物理环境相互作用中实现对物理现象的变革和知识的建构的过程，这是师生对话的条件之一。

②“人与文本的对话”，包括教师与文本的对话，学生与文本的对话。这是一种意义阐释性对话，是对文本的理解、阐释、再发现和意义重建，也是教学中师生对话的重要条件之一。

(3)“人与人的对话”，包括教师与学生的对话，学生与学生的对话。这是在人与文本、人与环境对话的基础上进行的合作性、社会性意义生成过程。

(4)“人与自我对话”，这是一种反思性对话，是个体通过对自身内在经验和外在世界的反思，实现对知识（关于外部世界）和自我身份的双重建构过程。

第3章　科学史与科普作品

上一章讨论了科学史对科学传播中的一个特殊领域——科学教育领域的影响，本章则讨论科学史对科学传播的另一个更为重要的领域——科学普及领域的影响。在某种意义上，科普是正规化学校科学教育的延伸，超越了受众的年龄、身份和所在场景的限制，其空间更为广阔，形式也更为灵活。当前科普在我国的科学传播活动中是占主流的模式，讨论科学史对科学传播的影响，就不能回避对科普的讨论。科学史对科普的影响主要体现在科普作品身上，而科普图书是科普作品最有代表性的表现形式，因而本章以几部有代表性的科普图书案例为重点，具体讨论科学史对科普的影响。

3.1　科学史与科普作品关系之概述

3.1.1　科普概念及其发展历程

同科学传播的概念一样，科普这一概念也是复杂多义的，在不同的国家，不同的历史阶段，来自不同领域的学者，对这一概念的定义和理解各有不同，迄今为止还没有关于科普定义的统一看法。就最一般的意义而言，科普是指在制度化的学校正规教育之外的所有以普及科学知识、科学方法、科学精神为目的社会活动。

3.1.1.1 国际上科普概念的产生和发展

随着近代科学在西方的诞生和迅猛发展，科普逐步成为一种有目的、有意识的社会行为。当科学作为系统化的知识体系还未完全建立起来时，科学的社会功能尚未得到社会的认可，科学知识只能在很小的范围内传播，科普一般附属于科学研究活动，具有自发性和不自觉性。19 世纪中期前后，许多学科领域纷纷建立了较为成熟的科学理论，科学成为一种推动社会发展的伟大力量，受到社会各界的广泛关注。同时，随着科学技术的日益发展，专业化程度日益提高，一般大众开始越来越被科学的复杂内容和专业术语隔离在外，这样就对科普产生了迫切的现实需求。随着科学技术对社会的日益渗透，一些科学家和掌握一定科学知识的知识分子开始用通俗易懂的方式向社会普及科学知识，展示科学的作用和影响。随着科普活动的发展，科普自身也逐渐开始成为一种独立的事业。一些专业性的科普组织开始出现，如 1831 年英国成立的科学促进会。

最初意义的科普，仅是科学知识从专家到一般大众的单向传播：一方是拥有大量专业知识的科学家或知识分子；一方是知识相对缺乏的普通公众。科普的主要目的就是使科学知识能够在普通公众间得以普及。之后，随着科学和社会的发展，科普的内容和形式不断变化，出现了一些新的特征：科普的组织性日益增强，各国政府开始有计划地支持科普工作，通过科技政策和经费资助，组织和协调科普专业组织、科技团体、大众传媒、企业及大学等各类机构，共同促进科普活动的发展；科普的对象更有针对性，受众日益增多，许多特定社会群体被纳入科普的对象；由只重视科学知识本身的普及，发展到普及科学知识同传播科学思想、科学精神和科学方法并重；科普的手段和载体日益多样化等。

20 世纪中叶以来，科学研究活动开始成为大规模的集体事业，在专业化发展的基础上又出现了产业化、集团化的特点。科学研究费用迅速增长的同时，科学研究活动也日益受政府的影响，开始越来越需要公众的支持；同时，科学应用的某些负面效应日渐突出，核武器扩散、环境污染、能源危机等全球性问题困扰着人类的发展和进步，日益引发公众的忧虑和思考，西方公众对科学及科学家的信任度严重下降。在此背景下，新型的科学传播活动逐步兴起。新型科学传播突破了传统科普的局限，更强调公众对科学的本质、过程以及科学与社会的互动影响等方面的理解，强调用更加开放和平等的方式传播科学，并努力促进公众参与科技决策。这些非单向的科学传播活动，已经不能用传统科普概念来界定，不在本章进行讨论。

3.1.1.2 我国科普工作的发展和科普观的变迁

中国的科普活动发端于近代科学向中国的传入过程中。近代中国科普组织有1914年成立的以“提倡科学、鼓吹实业、审定名词、传播知识”为宗旨的中国科学社、1932年成立的中国科学化运动协会（贾晓慧，2005）和在陕甘宁边区成立的自然科学研究会（袁清林，1989）等。除了大量翻译的国外科普作品之外，这一时期也出现了少量本土化科普作品。

新中国的成立给科普事业开辟了一个新时代。我国在1950年8月成立了中华全国科学技术普及协会（简称全国科普协会）和中华全国自然科学专门学会联合会（简称全国科联）。其后，1958年9月25日，全国科普协会与全国科联合并成立中华人民共和国科学技术协会（简称中国科协）。在中国科协的大力推动下，科普成为一种有目的、有意识的社会性事业。1956年，中共中央提出了向科学进军的口号，广大科技工作者积极参与科普活动，群众性科普活动蓬勃开展，科普创作繁荣。此后，在“文革”期间科普工作一度中断。1980年中国科协全国代表大会召开后，科普工作开始全面恢复，从20世纪80年代一直到20世纪90年代初的10余年间，我国的科普活动、科普组织、科普设施、科普媒介等都达到了新的高度（董国豪，2008）。

近年来，科普工作日益得到中国政府的高度重视。1994年12月，国务院发布的《关于加强科学技术普及工作的若干意见》，是以国家名义发布的第一个全面论述科普工作的纲领性文件。它肯定了科技素质建设对经济振兴、民族精神、科技进步和社会发展的意义，明确指出科普的内容包括科学知识、科学方法、科学思想。2002年6月29日，《中华人民共和国科学技术普及法》颁布实施，它是世界上第一部有关科普的法律。2005年，国务院颁布《国家中长期科学和技术规划纲要》（2006—2020），首次把科普工作作为一项专门的内容纳入其中，从科技发展战略的高度对我国科普事业进行总体规划。2006 年 2 月 9 日，国务院颁布《全民科学素质行动计划纲要（2006—2010—2020 年）》，明确提出："以促进人的全面发展为目标，提高全民科学文化素质。在全社会大力弘扬科学精神，宣传科学思想，推广科学方法，普及科学知识，加强国家科普能力建设。"该计划纲要被列入国民经济和社会发展第十一个五年计划。2007 年 1 月 17 日，以科技部为首的多个政府部门和中国科协、中国科学院联合下发《关于加强国家科普能力建设的若干意见》，指出国家科普能力建设是建设创新型国家的一项基础性、战略性任务。

在科普活动日益发展的历史进程中，我国科普观也在不断变化。刘新芳、史玉民将我国科普观的发展历程分为 4 个阶段：

（1）基于大众教育意识的科普观（1949—1978 年）；

（2）基于经济增长意识的科普观（1979—1994 年）；

（3）基于全面提高民族科学文化素质意识的科普观（1995—2001 年）；

（4）基于和谐发展意识的科普观（2002 年至今）。

刘新芳、史玉民进一步指出，第一阶段基于大众教育意识的科普观的特点是：

（1）科普的内涵就是科学知识的大众化；

（2）科普的功能强调教育功能和社会功能；

（3）科普的内容侧重于自然科学基础知识和实用技术知识；

（4）科普的主体和受众以单向的知识传播为主。

第二阶段基于经济增长意识的科普观的特点是：

（1）科普的内涵是"普及科学知识，推广实用技术，使科学家的科研成果转化为生产力"；

（2）科普的功能强调充分发挥其经济功能；

（3）科普的内容在突出实用生产技术推广普及的同时，开始关注现代科技新知识和科学思想的普及；

（4）科普的主体中国科协的主力军地位增强。

第三阶段基于全面提高民族科学文化素质意识的科普观的特点是：

（1）科普内涵从“科学大众化”的层次提升到从人文科学、社会科学、历史和哲学的角度去思考，以提高全民族科技文化素质为主要目标；

（2）科普功能强调文化功能，从科学文化的角度去认识科普；

（3）科普内容从传播科学知识为主走向以“弘扬科学精神，普及科学知识，传播科学思想和科学方法”的广阔视角；

（4）科普主体与受众之间，不是科学家向公众的单向知识传播，而是强调双方之间的互动。

第四阶段基于和谐发展意识科普观的特点是：

（1）科普内涵强调以促进人的全面发展为最终目标，由以往的国家立场向公民立场转变；

（2）科普功能强调发挥科学功能；

（3）科普的内容在强调普及“四科”的同时，科学精神的内涵有了扩展；

（4）科普主体和科普受众，强调二者之间的和谐共处（刘新芳等，2009）。

事实上，我国科普观的发展和世界其他国家相比，既有自身独特的历史和意识形态特征，也有一定的普遍性。特别是20世纪90年代以来，我国科普界开始介绍、引入并吸收西方主流的科普观及其最新变化，我国的科普事业也开始逐渐与国际接轨。在我国科普理论界，以及部分科普实践活动中，也经历了“让公众知道科学—让公众理解科学—让公众参与科学”的变化过程。人们日益关注科学的文化功能，赋予了新思想、新内容和新形式的“科学传播”概念，逐渐对传统的科普概念提出挑战。

3.1.1.3 对科普概念的界定

如第二章所述，本研究所探讨的“科学传播”是在STS视野下的，在最广泛的意义上，包括一切以科学知识、科学方法、科学精神、科学与社会的互相影响以及科学的本质、目标及其局限为对象的传播交流活动（不含科学共同体内部的科学传播），以及用以传播和交流以上内容的物质手段，包括一定的传播媒介、传播方式等。这种意义上的科学传播也包括了科学启蒙、科学普及和公众理解科学等不同历史时期科学与公众之传播的不同范式。而本章所讨论的科普，界定为科学知识、科学方法、科学思想、科学精神等科学相关信息从科学共同体或其他掌握科学信息资源的机构及个人通过相关媒介到达社会公众或公众中的特定群体（不包括正规教育情境中的受众群体）的单向传播活动。

本研究对科普的界定，有两层含义。

第一，为区别于科学教育，科普指在制度化学校教育之外所有以普及科学为目的的社会活动。科普是正规化的学校科学教育的延伸，它和科学教育都是科学传播的重要组成部分。相比科学教育，科普的受众更广，形式也更灵活。

第二，从传播的方向来看，本研究界定的科普预设了传播者和受众作为普及活动的两极：一极是掌握科学知识的科学共同体和科普工作者；一极是被动接受科学知识的公众。普及的信息，从前者到后者，单向流动。事实上本研究界定的科普概念是比较传统的科普概念。在本研究的定义中，科普只是丰富多样的现代科学传播活动中的一个组成部分和一类表现形式。在某种意义上，科普也是科学传播最初和最主要的表现形式。特别是在我国的科学传播活动中，目前最重要最主流的形式仍然是科普活动。

3.1.2 科普作品的形式和分类

科普作为从科学共同体和科普工作者向公众普及科学信息的单向传播活动，需要有一定形式的载体。科普活动大多以科普作品作为载体来实现科学信息传播的目的。

科普作品形式多样，有多种分类方式。按普及手段划分，可以分为科普图书、科普杂志、科普报纸、科普戏剧、科普电影、科普电视、科普美术、科普音乐等；按科普对象划分，可以分为儿童科普作品、青少年科普作品、成人科普作品等；按科普作品的层次划分，可以分为低端科普作品，中端科普作品，高端科普作品，等等。

本研究倾向的一种分类方式是：按照科普作品创作目的的不同，将科普作品分为传统型科普作品和拓展型科普作品。传统型科普作品是指以普及科学为目的的科普作品，即严格意义上的科普作品；拓展型科普作品，即指本身不以或不主要以科普为目的，但其中包含与科学相关的内容，客观上起到了普及传播科学作用的科普作品。

传统型科普作品的现实形态主要是科普读物，诸如科学知识普及类图书、科学故事、科学家传记，也包括直接以科普为目的的科普影视作品等。拓展型科普作品包括大量不直接以科普为目的但涉及科学题材的大众读物，诸如科幻小说、科学漫画、科学散文，也包括涉及科学内容的非严格科普指向的科学戏剧、科学电影等。

无论是严格意义上的科普作品，还是拓展意义上的科普作品，最主要的作品形式都是科普图书。在所有的大众媒介中，图书的历史最悠久，发挥的作用也最大。科普图书作为科普最重要的载体之一，反映了科普发展的整个历史过程。无论从理论的角度看，还是从实际的功用看，图书一直是最重要的媒介。本章主要以科普图书为例来讨论科学史对科普作品的影响。

科普图书，在我国出版界有很多不同的分类。其中，比较主流的一种分类方式是依据科普图书的内容和读者的情况，把科普图书分为三类。

第一类，少儿科普类，以少年儿童为读者对象。

第二类，知识普及类，以介绍浅显的科学知识为主，以中学生及普通教育层次的成人为主要读者。

第三类，科学文化类，对读者的文化水平要求较高。该类书重视最新科学成就和科学前沿课题的介绍与传播，注重对科学本质的思考，注重自然科学与人文科学、哲学的结合，不仅有助于人们从人文的角度理解科学，帮助读者了解最新的科学进展，还能帮助读者享受到科学思维的乐趣（陈桃珍，2009）。

随着科普观的变化，我国科普图书的种类和重点也在发生变化。20 世纪 80 年代，我国的科普图书还主要以知识普及类图书为主。从 20 世纪 90 年代开始，开始出现了大量科学文化类图书，这些图书具有较高的思想性，体现了关注科学方法、科学精神和科学本质的理念。20 世纪 90 年代中期以来，国内科普出版界兴起了“科学文化风”，大量科普图书开始不再以简单地普及科学知识为主要目的，而是将科学知识作为背景，重点讨论科学的历史或社会学意义。出版界将这类科普图书称为“大科普图书”。近年来，一些文化性、思想性、趣味性强的“大科普图书”，在出版界和读者中都受到普遍的好评。

为便于讨论，本研究借鉴科普图书的分类方式，在上述传统型和拓展型两类科普作品的基础上进行细分，将科普作品分为知识普及型科普作品、科学文化型科普作品和拓展型科普作品三种类型来进行案例研究。其中，知识普及型科普作品主要以普及科学知识和科学方法为主；科学文化型科普作品大多也包含科学知识的内容，但其传播的重点是科学的历史和相对系统化的科学观；拓展型科普作品主要指涉及科学题材，或包含一定的科学内容，但不直接传播科学知识、科学思想和科学观念的作品。

3.1.3 科学史与科普作品的关系

科普不仅是科学知识的普及，更是科学方法、科学思想和科学精神的传播。科学史研究科学诞生和发展的历史，除了大量可以直接作为科普内容的史料素材，还富含科学方法、科学思想和科学精神的营养，其特殊的研究对象和研究视角，决定了它可以成为重要的科普资源。同时，科学史的研究成果，能够直接反映科学观的变革，从而影响人们对科普本身的认识，推动科普的理念、内容和形式的发展。概括地说，科学史能拓展科普的内涵，拓宽科普的领域，丰富科普的形式，提高科普的效果。事实上，本研究在第 2 章讨论科学史和教育的关系时也涉及科学史的上述影响，这里把科普作为非正规科学教育来探讨，科学史的影响既有一致的一面，也有表现更为丰富和广泛的一面。

科学史对科普的影响直接反映在对科普作品的影响上。具体而言科学史对科普作品的影响主要体现在以下三个方面：

首先，科学史能够提高知识普及型科普作品的科普效果。

在知识普及型科普作品中，适当引入科学史的背景或视角，能够提高作品的趣味性和内涵，提高科普的效果。科学史能揭示科学知识产生和发展的历史脉络，有利于公众对科学知识的理解和整体把握；科学史中具体的科学事件，有利于受众将科学知识具体化、形象化，便于理解和记忆；

科学史中有关科学家的故事，有利于树立科学家的形象，提高公众对科学的兴趣。这些在第3章已进行了充分的说明和分析。

其次，科学史可以成为科学文化型科普作品的直接内容。

科学史的研究成果本身就是科普的内容之一，在科学文化型科普作品中，科学史可以作为作品的主题和核心内容。科学史的史料素材和研究成果为科学文化型科普作品提供了广阔发挥的空间。科学文化型科普作品在普及科学史的过程中，不但传播了科学知识，还传播了科学方法、科学精神和系统化的科学观，有利于公众理解科学的本质。

最后，科学史能够提高拓展型科普作品的思想性和艺术性。

拓展型科普作品虽然不以传播科学知识和科学观为目的，但它通常通过创造具体的艺术形象和曲折的故事情节，表达作者本人对科学的认识、态度和观念。这类作品的思想性很大程度上取决于作者所持的科学观。另外，在艺术形象的塑造方面，科学史可以为作者提供一些具体的素材和灵感，提高作品的表现力。

鉴于科学史对不同科普作品的影响程度和影响方式不同，下面将选取若干典型案例进行更细致的考察。

3.2 从纯粹科学知识的传播到科学史内容的引入

3.2.1 纯粹科学知识传播的科普作品——《趣味物理学》

在早期的科普作品中，主要以科幻小说和知识普及类读物为主。其中，后者大多以单纯普及科学知识本身为目的，较少涉及科学史的内容。除了科学知识，书中常常也会介绍一些科学方法，但较少涉及科学观念、科学思想和科学精神方面的内容。在这类科普作品中，《趣味物理学》是其中的一个代表。

《趣味物理学》写于1913至1916年，内容以基础物理学为主，涉及力学、热学、电磁学、光学、声学等的各种现象和基本理论。该书的第十三版著者序言里写道：“在这部书里，著者所努力希望做到的，不是告诉读者多少新的知识，而是要帮助读者‘认识他所知道的事物’，也就是说，帮助读者对他在物理学方面已有的基本知识能够更深入了解，并且能够活用，教会他自觉地掌握这些知识，激发他把这些知识应用到各方面去。为了达到这个目的，书里讨论了五光十色的各种伤脑筋的题目，煞费思考的问题，引人入胜的故事，有趣的难题，各种奇谈怪论，以及从各种日常生活现象或者科学幻想小说里找到的各种出人意料的对比。”

《趣味物理学》作者别莱利曼（1882—1942），是一位苏联职业科普家，一生致力于科普事业。他出生于俄国格罗德省别洛斯托克市，17 岁开始在报刊上发表作品，大学毕业后就全力从事教学与科普写作。1919 年，他创办了苏联第一份科普杂志——《在大自然的实验室里》并任主编。1925 年后，他担任时代出版社理事，组织出版大量科普图书。1935 年，他创办和主持列宁格勒（今为圣彼得堡）“趣味科学之家”，开展广泛的少年科普活动。“二战”期间，在反法西斯侵略的卫国战争中，在德国侵略军围困列宁格勒期间，别莱利曼不幸饿死。

别莱利曼作品的特点在于比较强调趣味性。读者阅读他的科普作品，先是被有意思的话题所吸引，然后通过作者易懂、朴素的语言以及其“小中见大”的叙述方式领悟其中的科学知识。不仅如此，读者在掌握知识之后，会产生更大兴趣去深入学习和研究。彭岩（2008）提出，别莱利曼能以多种形式引起读者的兴趣是因为：一方面，他本人知识丰富，涉猎广泛。在书中他的话题多种多样，有故事传说、诗歌、新闻时事、游戏、谜题、动植物趣闻等。在《趣味物理学》中，读者会发现克雷洛夫的寓言、儒勒·凡尔纳的故事、普希金的诗歌、伏尔泰的小说等。另一方面，对于某一个题目或一个现象，书中并不一定只有一种解法。作者在书中不像是在教读者怎么解出题目，倒像是在引导讨论。别莱利曼没有用某种定式来影响或局限读者的思维，而是促使读者举一反三。在许多题目的最后，别莱利曼还提出了一些试验，鼓励读者去亲自动手尝试。

别莱利曼一生写了 105 本书，大部分是趣味科普读物，如《趣味代数学》《趣味几何学》《趣味力学》《乘着导弹去月球》《趣味天文学》《行星物理》《飞向月球》《几何与三角》《遥远的世界》等。《趣味物理学》是别莱利曼的第一部著作，在别莱利曼的作品中占有相当重要的位置，它是初等科学知识普及领域的佳作，为读者搭建了日常生活与科学之间的桥梁。该书已经再版几十次，被翻译成 18 国语言，至今依然在全球范围发行，深受全世界读者的喜爱（彭岩，2008）。

3.2.2 开始引入历史内容的科普作品——《物理世界奇遇记》

别莱利曼曾在《趣味物理学》的前言里写道："我又时常听到一些责难，说《趣味物理学》没有花一些篇幅讨论像无线电最新成就、原子核分裂、现代物理学理论等的题材。这种责难完全是误会的结果。《趣味物理学》有它一定的目的，至于上面所说这些问题的研讨，却是另外一些著作的任务。"而《物理世界奇遇记》就是这样一本著作。和《趣味物理学》类似，《物理世界奇遇记》也是一本知识普及类科普读物。不同的是作者所要普及的知识不是基础物理，而是量子物理和相对论。

《物理世界奇遇记》原作者乔治·伽莫夫（1904—1968）是天才的俄裔美籍物理学家和天文学家。他生于俄国的敖德萨市，1928 年在苏联列宁格勒大学获物理学博士学位，1934 年移居美国。乔治·伽莫夫在理论物理学、天体物理学、核物理学、生物遗传学等诸多领域都取得了令人瞩目的成就，他既是"大爆炸"宇宙理论的创始人之一，又在生物学上首先提出"遗传密码"理论。他还是一位杰出的科普作家，在他一生正式出版的 25 部著作中，有 18 部是科普作品。他的许多科普作品风靡全球，《物理世界奇遇记》是他的代表作之一。由于他在普及科学知识方面所作出的杰出贡献，1956 年，他荣获联合国教科文组织颁发的卡林伽科普奖，成为国际科普界的一个代表性人物。乔治·伽莫夫有富于传奇色彩的一生，他经历了沙俄、苏联、美国等不同时代和不同国度的生活，既曾为苏联炮兵学校的"上校"，也曾为美国的核武器研究出过力。这些都给他的生平增添了色彩。

乔治·伽莫夫 1934 年移居美国以后，发现公众对 20 世纪初的科学成就，如相对论、量子论和原子结构理论等都一无所知。因此，他决定在从事教学和研究工作之余，动笔向普通读者介绍这些新理论。他试图对宇宙空间的弯曲和膨胀的效应进行通俗的描述，使任何人都能很容易地明白宇宙空间弯曲和膨胀的效应等复杂概念。为此，他选择了汤普金斯先生这样一个普通的银行职员形象作故事的主角。从 1938 年起，他在英国剑桥大学出版社的支持下，发表了汤普金斯先生系列科学故事。1940 年，他把第一批故事汇集成他的第一部科普著作《汤普金斯先生身历奇境》出版；1944 年又把其后的故事汇集成《汤普金斯先生探索原子世界》一书。这两本书出版后，深受读者欢迎。1965 年，为了补充介绍新的物理学进展，也为了使作品的内容更紧凑，他便把上述两本书合并、补充、改写后重新出版，即《物理世界奇遇记》。尽管这些故事本来是为物理学的门外汉撰写的，但作者对现代物理学的精辟介绍却具有持久的魅力。在他去世后，该书依然畅销不衰。1999 年，英国著名科普作家斯坦纳德受英国剑桥大学出版社之约，对该书进行了全面修订。

《物理世界奇遇记》中，汤普金斯先生是乔治·伽莫夫为了向一般读者解释空间弯曲、膨胀宇宙理论以及原子世界所创造出来的一位普通银行小职员形象，他的英文名字简写是 C. G. H，分别代表光速（C）、重力常数（g）及量子常数（h）。由于这些物理常数有的非常大，有的非常小，在日常的世界中，人们很难观察到它们的效应，就此，乔治·伽莫夫创造出新的物理世界，想象当这些常数变成与我们日常生活的世界相当时，所能产生的特殊现象。这种夸大的比喻，虽然大大助于读者体会，但有时也容易造成误解。为解决这个困难，乔治·伽莫夫又把一些比较正规的解释及说明，以老教授的演讲方式，在不同的章节间相互穿插，使读者能更清楚地理解和领会这些复杂的物理概念（吴文桂，2005）。

乔治·伽莫夫科普作品的特点是简明易懂，朴实自然，思路清晰，叙述流畅，因而受到读者的广泛欢迎。《物理世界奇遇记》是传统科普作品的代表作，书中的两个人物，一个是代表科学家形象的物理学教授，一个完全是科学的门外汉。在书中，科学知识完全是单向传播的。

3.2.3 科学史内容引入的原因及其影响

《趣味物理学》和《物理世界奇遇记》都是知识普及型读物，它们有很多相似之处，也有一些不同的特点。分析两位作者的异同，有助于我们理解为何一些知识普及类的科普读物也要引入科学史的内容（见表 3.1）。

表 3.1 别莱利曼和乔治·伽莫夫的异同

人名	别莱利曼	乔治·伽莫夫
出生地	俄国	俄国
职业	专职科普作家	科学家、兼职科普作家
所处年代	1882—1942 年	1904—1968 年
科普作品数量	105 部	18 部

对于两本书在叙述风格和叙述方式上的不同，可以举一个简单的例子。虽然两本书的内容和知识的深度都很不同，但巧合的是它们都提到了永动机。在《趣味物理学》中，作者较少对永动机不能成立的原理的介绍，只是肯定地写道："许多人的尝试都失败了，这使人们肯定地相信永动机是不可能制造的，并且从这一点确立了能量守恒的定律——这是现代科学上的基本定律。""现在已经肯定地证明，能够永远自动运动（特别是在运动的时候还要作出功来）的机械，是不可能构造出来的，因此，如果有谁正在向这方面努力，那会是一种毫无希望的劳动。"但该书还是详细描述了好几种永动机的设计，并配了 3 张永动机的设计图（别莱利曼，1999）。

但《物理世界奇遇记》，则主要关注永动机不能成功的原因和道理，并借此来阐述概率问题和粒子之间的碰撞。书中是这样描述的："这类永动机——人们管它叫'第一类永动机'——是不可能实现的，因为它同能量守恒定律相矛盾。不过，我刚才所说的不烧燃料的机器属于另一种不同的类型，人们通常把它称为'第二类永动机'。人们设计这类永动机，并不希望能够无中生有地产生能量，而是希望它们能够从我们周围的热库中——大地、海水和空气——把能量提取出来。例如，你可以设想有一艘轮船，它的锅炉也冒着蒸汽，可它并不是依靠烧煤，而是依靠从周围水中提取的热量。事实上，如果真的有可能迫使热量从较冷的物体流到较热的物体上去，那么，不用我们正在使用的其他办法，我们就能造出一种机器，让它把海水抽上来，取出海水中所含的热量，然后再把剩下的冰块推回海里去。当 1 升冷水凝结成冰时，它所释放出的热量足够把另 1 升冷水加热到接近沸点。要是能用这样的机器来工作，世界上每一个人就都能够像拥有一种包赢不输的赌法的人那样，过着无忧无虑的生活了。遗憾的是，这两者是同样不可能实现的，因为它们同样违反了概率定理。”书中进一步指出：“问题在于，热过程本身就其本质而论，是同扔骰子非常相似的；希望热量从较冷的物体流到较热的物体上，就等于希望金钱从赌场主的钱柜流到你的腰包里。”

《趣味物理学》中，作者重点在于解释可以感知的日常物理现象，并不以阐述高深的物理理论为己任。而在《物理世界奇遇记》中，作者试图用最简便的办法，说明最高深的理论，为此不得不每每借助主人公充满了幻想的梦境。在《趣味物理学》中，也有一些近似于幻想的假设情景，如：设想人站在高速运动的炮弹中（别莱利曼，1999）。但这些假设的场景是零星出现的，往往只是为了解决一个小问题，而不像《物理世界奇遇记》中，不断出现的幻想场景是为系统抽象的理论提供持续演示的舞台。

这两本书都是深受欢迎、有长久生命力的科普佳作，其作者都出生于俄国，都以介绍科学知识为主要目的，都是用通俗易懂的写作方式阐述科学本身的知识。只不过，《趣味物理学》介绍的是基础物理的知识，而《物理世界奇遇记》介绍的是高级物理的知识。因而，写作目的就稍有区别，《趣味物理学》更偏重于知识的活学活用，而《物理世界奇遇记》更偏重于知识的了解和理解。

两本书更大的不同在于介绍科学本身知识的方法不同。《物理世界奇遇记》更多地引入了人的因素，并开始引入了少量科学史的内容。

首先是人物和故事的出现。为了增强作品的可读性，两本书都引入了一些具体的人物形象，并有故事情节。但《趣味物理学》的故事是零散而不连贯的，没有中心人物，在叙述上完全以知识内在的逻辑为书的写作顺序；而《物理世界奇遇记》有主人公，在叙述上靠主人公的活动把知识体系串联起来。两本书的异同如表 3. 2 所示。

表 3. 2 《趣味物理学》和《物理世界奇遇记》的异同

书名	《趣味物理学》	《物理世界奇遇记》
作品类型	知识普及型	知识普及型
受欢迎程度	再版几十次，翻译成 18 国语言	1995 年之前就重印了 22 次，被翻译成多国语言

续表

书名	《趣味物理学》	《物理世界奇遇记》
写作年代	1913—1916 年	1938—1940 年
介绍的科学知识	基础物理：力学、热学、光学和声学	相对论和量子物理
有无科学史内容	无	有，介绍了一些科学家及其科学发现
有无主人公	无	有，汤普金斯
表现方式	设问和回答，故事和场景设定	教授的演讲和主人公的梦境
写作目的	深化读者的物理学基础知识，使之能自觉运用	解释外行不易理解的物理学概念，将深奥艰涩的物理学知识深入浅出地讲解给读者

其次是科学家形象的出现。《趣味物理学》中的很多概念是人们长期以来就能感知到的，因此阐述这些概念时可以完全抛开科学家。但随着科学的发展和科学家的日益专业化，许多新的科学概念和科学理论都和具体的科学家相联系。《物理世界奇遇记》在这样的背景下，在介绍科学理论时就必须引入科学家的名字及其贡献，甚至要描述出科学家的形象，以增加读者的兴趣，促进读者的理解。

再次是科学史的出现。《趣味物理学》中的科学理论还在日常生活能感知的范围之内。但随着科学的发展，科学理论逐渐脱离了日常生活能感知的范围，日益抽象化了。对此，《趣味物理学》可以大量描述日常场景的假设，但在《物理世界奇遇记》中就变成了主人公梦境的假想。当日常生活经验不能直接说明科学现象，甚至和科学现象正好可能相反时，就只能依靠逻辑和历史的力量来解释科学。借助科学本身发展的史实，沿着科学家历史的足迹，引领读者了解并理解科学知识，就成了科普作品的最好选择。

最后带来了科学观念的变化。当科学颠覆了人们原有的知识体系，突破了原有的理解范围后，科学知识就超越了本身原有的内涵，必然会带来了人们观念的变化。阅读《趣味物理学》，读者很少会有情绪的波动，而《物理世界奇遇记》的读者则会跟随主人公汤普金斯的各种情绪而不断变化，时而惊讶，时而兴奋，时而沮丧。读者会和汤普金斯一样，不但对科学知识增加了解，而且对科学的兴趣大增，对科学方法也会有新认识。

从两本书的简单对比中可以看到，随着科学的发展，普及科学知识的难度提高了，科普作品必须摆脱过于抽象的阐述。而科学史则从无到有，适时加入科普作品中，它带来的科学家形象和科学发展历史脉络，增加了科普作品的可读性，加强了科普作品的说服力，丰富了科普作品的内涵。

3.3 从简单地引入历史材料到在历史的脉络中叙述科学

3.3.1 从《物理世界奇遇记》到《物理学发展史》

如果说《物理世界奇遇记》是乔治·伽莫夫的第一部科普作品的话，那么《物理学发展史》就是乔治·伽莫夫晚期的代表作。该书首次出版于1962年，距离乔治·伽莫夫离世还有6年，距离《物理世界奇遇记》的前身——《汤普金斯先生身历奇境》一书的出版有22年。

关于该书的写作初衷，乔治·伽莫夫写道：

“物理学方面的书有两种。一种是教科书，目的是要教给读者种种物理事实和理论。这种书往往略去科学发展的整个历史面貌，有关古往今来的伟大科学家的唯一资料，仅限于在他们的名字后画上一个括号，标明其生卒年代（如仍在世，就以‘—’来表示）。另一种基本上就是历史书，专写传记性材料和科学大师的个性分析，而仅简单地列出他们的各种发现，认为读者在研究某门科学的历史时，对这门科学本身已经谙熟了。

本书试图采取一种折中的办法，试图在公正的立场上讨论伽利略的受审和他所发现的基本物理学定律，或在详细讨论玻尔的原子模型的同时，谈谈我个人对他的一些回忆……这本书的目的，是要读者弄清楚什么是物理学，物理学家是一些什么样的人，从而激起读者充分的学习兴趣，去寻找更系统的有关这门学科的书籍来学习。”

作者这种折中的结果，使得这本书虽然有历史的视角和写作框架，但其主要内容还是介绍物理学知识。《物理学发展史》的英文名是 Biography of Physics，如果直译的话，应译作《物理学传》。直译的名字更符合书的内容，该书系统介绍了 1960 年之前的整个物理学知识体系。

在多种意义上《物理学发展史》是一部传统科普的经典作品。

首先，该书目的明确，就是要普及科学知识并介绍科学家，以培养读者的科学兴趣。这部作品的科普目的不但是明确的，而且是作者自己公开声明的。这个意图在书中得到了很好的贯彻，行文中作者非常注意阐明重要物理学原理的核心内容和物理意义，以便于读者深刻理解物理学和物理学家。

其次，该书内容完整、准确。该书对物理学知识的介绍，系统、准确，脉络分明，不仅每一个具体的物理学理论都介绍得准确到位，而且对整个物理学体系的把握也非常精准。物理学发展到 20 世纪 60 年代时，本身内容已经十分丰富，作者精心选择了包括阿基米德、伽利略、牛顿、麦克斯韦、爱因斯坦、玻尔在内的若干有代表性的大物理学家，并根据他们各项重大发现和所创理论意义和影响的大小来确定介绍的篇幅和重点，对古代的力学、光学和原子论，近代的天文学、力学、热学、光学、电学，现代的相对论、量子力学、物质结构学说，都做了详略不等的介绍，描绘了一个完整的、层次分明、比例得当的物理学知识体系。

再次，该书通俗易懂。虽然书中也有一定数量的数学公式和演算过程，但该书主要凭借文字和示意图来阐述各种抽象理论。在书中，热力学、相对论、量子力学、放射性元素衰变等物理学主要理论都阐述得既准确又浅近，既合理又生动。该书将物理学发展植于广阔的历史背景之中的写法，加强了作品的可读性。而且该书的叙述很有条理，重点突出，正如作者所言："每一章的讨论都以一两个伟大人物为中心，旁及当时其他的物理学家和他们对物理学的贡献。所以我略去了许多科学家的名字。"书中对人物的叙述简略而栩栩如生。此外，书中大量穿插作者手绘的实验图示和科学家肖像，也成为该书的一大特色。作者所绘的爱因斯坦、居里夫人等，虽为黑白素描，却颇为传神。

最后，该书风格平实、严谨，话语简洁有力。该书体现了作者自己作为杰出科学家的素质。书中对物理学的叙述，显得从容自信，视野开阔。

在作者笔下，物理学体系不是一个封闭的体系，而是一个不断发展、前景广阔的体系。作者眼中的科学家，既有伟大的一面，也有类似于常人的弱点。在赞美科学家们伟大贡献的同时，作者也不忘谈及牛顿和别人的各种争吵以及玻尔“最大的特点也许就是他的思维和理解力的缓慢”。

和《物理世界奇遇记》相比，乔治·伽莫夫的《物理学发展史》是一部更加严肃和有深度的科普作品。相比之下，《物理世界奇遇记》就显得结构比较松散，内容仅局限于介绍量子物理和相对论的基本概念。而《物理学发展史》则完全引入了历史的视角，不仅介绍物理理论本身，还介绍了物理学的来龙去脉；不仅介绍纯粹的物理学知识，还介绍物理学知识的创造者——物理学家。《物理学发展史》比《物理世界奇遇记》增加了历史的维度，并添加了很多人文因素，因而显得更加厚重。当然乔治·伽莫夫的职业不是哲学家，也不是历史学家，他给《物理学发展史》一书添加的人文历史因素是有限的，主观上只是要揭示物理学的源流并增加作品的趣味性，他并没有给自己提出诸如探寻科学发展的动力、追寻科学的社会功能之类的课题。

需要注意的是，《物理学发展史》虽然翻译后的名字叫“史”，但并不是典型的科学史类的科普作品。它虽然引入了历史视角，有大量的历史内容，但认真分析后可以看到它的重点仍在介绍物理学知识，属于知识普及型的科普作品。

3.3.2 从《物理学发展史》到《量子物理史话：上帝掷骰子吗》

《物理学发展史》中只是引入了大量科学史内容，《量子物理史话：上帝掷骰子吗》则是一部主要以科学史为题材的科普作品。

《量子物理史话：上帝掷骰子吗》是近年来出现的一部中文原创性的科普读物，最早是作为网络作品于2003年开始发在新浪论坛里的“大话春秋”上，后来受到网民热捧并在网上完成连载后，于2006年1月由辽宁教育出版社正式出版。根据《新京报》的报道，该书的作者曹天元（网名Capo）1981年出生在中国上海，在上海读书到中学毕业，然后在国外和香港读大学。他学的专业主要是生物化学和电子工程。曹天元的职业是在香港做理财规划、电子商务和客户管理方面的工作。他当初在互联网上开始创作并发表《量子物理史话：上帝掷骰子吗》，完全是出于个人业余爱好（姜妍，2006）。

该书所涉及的题材其实和《物理世界奇遇记》很类似，都以现代物理中的量子力学和相对论为科学背景；该书叙史的内容又和《物理学发展史》有重合之处。但该书的独特的叙事方式和历史视角不同于以往的科普作品。该书所涉及的量子物理，本身就是一个复杂高深的理论领域，从历史上看，其发展过程颇多曲折和论战。《量子物理史话：上帝掷骰子吗》取材于这段历史：该书以赫兹实验证实电磁波为开端；以波动说和粒子说之争为全书的主线；以围绕不确定原理的讨论为核心；以玻尔、爱因斯坦之争为高潮；以近几十年来多世界理论、超弦理论等新理论的相互竞争为后续；以对新的统一理论的期盼为尾声，把整个故事叙述得波澜起伏，绘声绘色。

《量子物理史话：上帝掷骰子吗》作为科普作品，具有以下特点：

首先，介绍科学史更重于介绍科学知识本身，属于科学文化型科普作品。

作者承认："这并非一篇专业的科普文章，事实上，我的本意是更注重历史，而不是科学方面。不过如果你读完了全文，我也希望它可以带给你一些最基本的量子论的科学概念。"于彤认为："虽然这本书写的是量子力学史，并且清晰勾勒出这门物理学中让专业人士都觉得最难懂的学科的脉络，但书的主要内容其实却不是科学，而是学术江湖。'有人就有江湖'，他在讲人与人之间的关系，在讲科学家和科学家之间的关系。中国人更关心江湖，这本书的作者就是用了这个特别符合中国人思维习惯的方式来叙述科学。"

其次，采用了文学化的语言并在内容上对历史细节进行了虚构和加工，在准确性、真实性方面引起了一些争议。

这本书用了很多网络语言和武侠作品式的语言。如，描写1927年在布鲁塞尔举行的第五届索尔维会议的结果时是这样写的："1927年的这场华山论剑，爱因斯坦终究输了一招，并非剑术不精，实乃内力不足。"用写武侠的手法演绎一场沉闷的科技大会。刘兵认为在这本书具备了科普性和娱乐性这两个特点（施剑松，2006）。

书中大量掺杂了小说化的情节，一些科学家之间的对话、场景都是被虚拟出来的。由于大量的虚拟情节在一定程度上损害了科学史的真实性，为此围绕该书出现了一些争议。对此，书作者曹天元解释说："我觉得科普写作绝不能有'硬伤'。情节明显不符合历史，叙述明显不符合理论，计算错误，常识错误，这些都是'硬伤'。比如如果写'牛顿推了推眼镜'，这个我看来就是硬伤，因为牛顿的时代是没有眼镜的，我是不会容忍的。如果写成'牛顿发现了自然的奥秘，心里大喜过望'，虽然他是不是真的大喜过望了没有文献佐证，但是这也算是合理的推测，属于'软伤'，我觉得这是完全可以接受的，甚至有时候为了阅读上的流畅，是必须的。所以我基本上只会造一些软伤出来。"

一些科学史界的专家支持科普写作可以适当虚拟情节。例如刘兵认为，只有科学家用行话交流，才能是准确的，所以任何科普作品都不能是严格的准确科学。过去的科普作品，过多地在准确性上纠缠了。刘兵进一步指出，公众不需要最准确的科学知识，首先还是要让读者觉得好玩、有趣、有意思，这才是真正尊重读者的表现（施剑松，2006）。

江晓原认为，科普著作的目的并不是让读者变成科学家，而是让读者体验阅读的愉悦，感受科学的魅力。他提出，科普作品过于重视知识的普及有其历史原因。但在今天，中等教育水平早就普及了，大部分人并不需要靠科普来学习科学知识，那就应该开发科学的娱乐功能，让读者感受智力的愉悦。虽然科普作品有可能不准确，但并不妨碍阅读，如果要获得精确的科学知识，本来就应该求之于专业书籍（施剑松，2006）。

但也有一些科学史家认为，对那些科学史上非常重要的场景进行虚拟可能误导读者。例如，卞毓麟认为，虽然不反对科普应讲求趣味，但是，无论哪一种科普作品，都应有普及知识功能。他强调，科学的准确性在任何科普作品中都要讲究，"科学的灵魂还是'真'，即使有一千条一万条理由，把'真'丢掉了，这样的科普也是不成功的"。

虽然该书的严谨性受到质疑，但它的科普意义还是受到广泛肯定。在这本相对高端的科普作品中，作者把量子力学发展史写得十分形象、生动，降低了读者接触此类艰深话题的门槛，又因为作者是用中文写作，比较适应中国读者的阅读心理和阅读习惯。

最后，在创作方式上，以网络发帖方式创作，作者与读者之间存在交流互动的情形，在某种程度上突破了科普作品在科学传播形式上的单向传播模式。

许多读者最初读到《量子物理史话：上帝掷骰子吗》，它还不是一本书，而是网络上的帖子。它最开始发在新浪论坛里，当时是“大话春秋”里的一个热帖。田松认为，作者不是科学家，他完全是和所有的读者站在一起的。事实上，在这本书的写作过程中，读者也一直和作者站在一起（施剑松，2006）。曹天元 2003 年开始在新浪论坛连载自己的大话量子力学史的时候，几乎一开始就吸引了众多的网民跟帖。这些跟帖除了表示对这部著作的肯定以外，还有相当一部分是在和曹天元一起创作。一些具备物理学专业知识的网民还纷纷将在连载中发现的错误指出来。曹天元在网络回帖上曾表示，正是这些来自网民的指正，促使自己查阅更多的资料，阅读更多的物理书，不断修改这本书。在一定程度上这本书是众多网民和曹天元一起创作出来的。

刘兵认为，如此轻松幽默的文字，一定是在一种自由的写作状态下完成的，网络赋予了作者实现这种自由写作的可能。江晓原提出：“我推测这个作者自己阅读物理学的一些书之后，感到娱乐了，所以他想把这个娱乐写出来让大家分享，本着这种宗旨做这个书，这很符合我心目中的新的科普。”

3.3.3 历史视角对科普作品的影响

上述几个案例中，《物理世界奇遇记》和《物理学发展史》都是知识普及型的科普作品，但后者引入了历史视角，使得它比前者更全面地解释了物理学知识的来龙去脉。《量子物理史话：上帝掷骰子吗》是一本科学文化型的科普作品，更多地引入了历史元素。

在叙述风格上，《物理学发展史》的语言严谨朴实，最文学化的语言也不外乎“我们现在要回顾一下 19 世纪最后 10 年的历史，当时物理学正在经历着从经典幼虫变到现代蝴蝶的痛苦”，诸如此类的话。而《量子物理史话：上帝掷骰子吗》则满篇都是夸张性的文学语言。

波尔和爱因斯坦对于测不准理论的争论，两本书都写到了。《物理学发展史》对此，仅在“量子定律”这章花费了两页的笔墨，以平实的语言进行了简单描述。乔治·伽莫夫写道：

“正像当初一些怀疑的人企图在爱因斯坦的相对论中找到矛盾一样，爱因斯坦也试图在量子物理的测不准原理中发现矛盾。可他的努力知识使得测不准原理的地位更稳固了。1930 年在布鲁塞尔召开的第六届索尔维会议上发生的一件小事，可以作为说明这一点的例子。

在一次玻尔也在场的讨论中，爱因斯坦提出了一个‘思想实验’。他争论说……因而测不准原理有矛盾。第二天早上，经过一个不眠之夜，玻尔对爱因斯坦的反证给予了致命的打击。玻尔提出了一个相反的思想实验，用的是他自己的理想仪器。

爱因斯坦上了自己证据的当，不得不承认玻尔—海森堡的概念并不存在内部矛盾。但直到他生命的最后时刻，他还在拒绝接受测不准原理，仍然满怀希望物理学终于有一天会回到决定论的观点上来。”

《量子物理史话：上帝掷骰子吗》则用了整一章的篇幅（近 30 页）重点渲染了玻尔和爱因斯坦之间的争论，这一章的名字就叫“论战”。在这章中，是这样描述当天的事件的：

“花开花落，黄叶飘零，又是秋风季节，第六届索尔维会议在布鲁塞尔召开了。玻尔来到会场时心中惴惴，看爱因斯坦表情似笑非笑，吃不准他三年间练成了什么新招，不知到了一个什么境界……

爱因斯坦则在盘算另一件事：量子论方兴未艾，当其之强，要打败它的确太难了……

爱因斯坦站起来发话了……

这可以说是爱因斯坦凝聚了毕生功夫的一击，其中还包含了他的成名绝技相对论。这一招如白虹贯日，直中要害，沉稳老辣，干净漂亮。玻尔对此毫无思想准备，他大吃一惊，一时想不出任何反击的办法。据目击者说，他变得脸如死灰，呆若木鸡（不是比喻!），张口结舌地说不出话来。一整个晚上他都闷闷不乐，搜肠刮肚，苦思冥想……

这一招当真如此淳厚完美，无懈可击？玻尔在这关键时刻力挽沧海，方显英雄本色。他经过一夜苦思，终于想出了破解此招的方法，一个更加妙到巅毫的巧招。

广义相对论本是爱因斯坦的独门绝技，玻尔这一招‘以彼之道，还施彼身’不但封挡住了爱因斯坦那雷霆万钧的一击，更把这诸般招数都回加到了他自己身上。虽说是殚精竭虑最后想出此法，但招数精奇，才气横溢，令人击节叹服，大开眼界。觉得见证两大纵世奇才出全力相拼，实在不虚此行……

爱因斯坦对玻尔已经两战两败，他现在知道量子论的根基比想象的要牢固得多。看起来，量子论不太可能是错误的，或者自相矛盾的。但爱因斯坦也决不会相信它代表了真相。”

虽然描述的是同一件事情，《物理学发展史》只用了寥寥几句话交代情节，但用了约 300 字非常详细地介绍了爱因斯坦的“思想实验”，并用了 300 多字非常详细地介绍玻尔的反驳实验，并画图说明；而《量子物理史话：上帝掷骰子吗》则对“思想实验”本身着墨不多，其篇幅略少于《物理学发展史》，但长篇大论地进行故事情节的描写和渲染。

这三本书的异同如表 3.3 所示。

表 3.3　三本书的异同

书名	《量子物理史话：上帝掷骰子吗》	《物理学发展史》	《物理世界奇遇记》
作者	曹天元，中国业余网络作家	乔治·伽莫夫，俄裔物理学家兼职作家	乔治·伽莫夫，俄裔美籍物理学家兼职作家
写作年代	2003—2005 年	约在 1962 年前出版	1938—1944 年
介绍的科学知识	量子物理	基础物理、相对论和量子物理	相对论和量子物理
写作初衷	在写作和与读者互动的过程中体验和分享量子物理的发展所带来震撼、改变与思考	介绍物理学和物理学家，引起读者对物理科学的兴趣	解释外行不易理解的物理学概念，将深奥艰涩的物理学知识深入浅出地讲解给读者

续表

书名	《量子物理史话：上帝掷骰子吗》	《物理学发展史》	《物理世界奇遇记》
侧重点	更侧重科学发展的历史演进	在历史的发展中讲述科学知识	以介绍科学理论和科学概念为重点
作品类型	科学文化型	知识普及型	知识普及型
叙述顺序	历史的叙述逻辑	历史的发展顺序	按照知识的内在联系，以主人公的行为为线索
主要素材	科学史，科学知识	科学知识，科学史	科学知识
表现方式	文学化、戏剧化的历史故事	严谨、通俗的语言，并配以手绘插图	教授的演讲和主人公的梦境
科学家形象	有生动立体的科学家形象，刻画了科学家人性的一面以及科学家之间的争论和成败	有比较丰满具体的科学家形象	科学家只是作为抽象化的科学知识的生产者被简单提及

通过表3.3中各项指标的对比，随着历史内容的逐渐增多，科学家形象的逐渐丰满，科普作品从简单的知识普及，发展到以历史为视角进行知识普及，再到以历史本身作为主题和重点，科学史的影响不断加深。在《物理学发展史》中，科学史本身成为科普作品的题材和内容之一，历史视角使得作品显得更加丰满和厚重。但由于该书的重点还是在普及物理知识，科学史在书中仍处于辅助地位。在《量子物理史话：上帝掷骰子吗》中，科学史成为叙述的主题。尽管这部作品由于它的文学性语言和对历史细节的虚构引起了一些争议，但它直接选取科学史本身作为题材，在很大程度上宣传了科学家的历史贡献、介绍了科学理论的发展脉络，该书在叙述历史的过程中用很多笔墨讨论了量子物理史上很多科学发现所带来的思想观念上的深刻变化。该书以史话的形式，不但顺便传播普及了量子物理知识，还客观上传播了很多科学思想和较为现代的科学观。

3.4 科学史对科普作品中科学观的影响

3.4.1 科普作品案例中科学观的回顾

为进一步分析科学史对科普作品的影响，有必要考察科普作品中的科学观。

在《趣味物理学》中，科学知识是一个需要积极学习思考并活学活用的一整套客观真理。科学知识在日常生活中能得到反复证明，并可以灵活运用。作者在序言里说："《趣味物理学》的主要目的是，激发科学想象的活动，教会读者科学地思考，并且在他的记忆里创造无数联想，把物理知识跟他经常碰到的各种生活现象结合起来。"（别莱利曼，1999）在谈到永动机时说："永动机是想象中的一种机械，它能够不停地自动运动，而且，还能够做某种有用的功（例如举起重物等）。这样的机械虽然早就有许多人不断地想制造，却到现在还没有人能够制造成功。许多人的尝试都失败了，这使人们肯定地相信永动机是不可能制造的，并且从这一点确立了能量守恒的定律——这是现代科学上的基本定律"。（别莱利曼，1999）这些都表明，《趣味物理学》是强调实证的，认为科学知识要拿经验或实验来加以检验。该书中确实大量提到很多实验，并配有说明实验的插图。

《物理世界奇遇记》对科学知识的总体态度是，量子物理和相对论等科学知识是高深的需要向普通人解释的。书中，对科学感兴趣和学习科学都是看上去不错的事情，科学的世界看起来是美好而神奇的。主人公在向教授学习科学的过程中，还顺带爱上了教授的女儿——一个具有魅力的女画家，并圆满地结婚了。主人公对教授的女儿谈道："我应该说，你父亲给我展示了一个全新的世界。遗憾的是，似乎大多数人都满足于平平淡淡的生活，连想也不想去了解这个世界是多么不寻常。"

此外，《物理世界奇遇记》中谈道："在数学上各种不同的可能解当中，究竟哪一个解同我们所居住的空间相适应呢？这个问题只能依靠对星系团的运动（包括它们彼此飞散的速度减慢的情况）进行实验观察来解答，或者也可以把宇宙现有的全部质量加在一起，再计算出减慢的效果会有多大。目前，天文学所得到的证据还不太明确。但是，有一点是肯定的——我们这个空间目前正在膨胀着。不过，这种膨胀是不是有朝一日会转变成收缩？我们这个空间的大小究竟是有限的还是无限的？这两个问题现在都还没有明确的答案。”可见，《物理世界奇遇记》中也强调实验观察对科学的重要性。

由于乔治·伽莫夫严谨的写作态度，对描述理论和事实之外的话一直惜墨如金。在《物理世界奇遇记》中很难找到对科学的直接看法。同样，要考察他在《物理学发展史》一书中表达的科学观和对科学的态度，也只能找到只鳞片爪。虽然如此，透过一些细小的线索，还是能够发现《物理学发展史》体现了作者对科学内敛的积极态度以及对科学发展前景的谨慎乐观态度。书的第七章的最后，谈到量子统计问题时作者说：“我们希望对这个问题充分着迷的本书读者将以更先进的方法来研究现代物理。这样只要研究几年之后，就可以把量子统计的问题弄得一清二楚，明如水晶了。”（乔治·伽莫夫，1981）书的最后一章的最后一小节的题目是“物理学的未来”。在谈到一些未解的问题之后，他说：“尽管我们不知道正确的答案，考虑这类问题却不应受到责难。”最后的结尾句是在谈到不知道其内在联系的一个巧合现象后，他写道：“但是让我们希望后辈物理学家的工作能够胜利解决这些问题吧！”

在对待科学家的态度上，《物理学发展史》对于科学家的敬意，并不能因为提到了他们作为常人的短处而有丝毫改变。不用说他的书注重添加对科学家的介绍，以及他不辞辛苦地亲手为科学家们手绘画像，只在行文中，就不乏作者对科学家的赞美之词。如，他在牛顿的名字前面毫无悬念地加上了“伟大”的字眼，而对爱因斯坦的形容是“天才”，他对普朗克提出的光量子观念称为“革命的观念”，对德布洛意提出的物质波假设形容为“革命性的假设”（乔治·伽莫夫，1981）。乔治·伽莫夫在《物理学发展史》中谈到爱因斯坦时说：“人的思想总是经常为传统的习惯所束缚，正是由于爱因斯坦的天才，才把陈旧的和自相矛盾的宇宙以太完全抛弃，并代之以推广的电磁概念，爱因斯坦认为电磁场也是一种物理实在，与任何普通实物是一种物理实在一样。”

上面的分析表明,《趣味物理学》《物理世界奇遇记》和《物理学发展史》,都是当时实证主义科学观影响下的产物。作为知识普及型的科普作品,作者的任务就是把科学知识通过经验和逻辑证实给读者看。这个方面,《趣味物理学》更注重经验和实验的实证;而《物理世界奇遇记》和《物理学发展史》相比更注重逻辑的实证。

《物理学发展史》中,有一段话需要加以注意:“玻尔根据海森堡原理发展了一种新的物理哲学。它使我们关于物质世界的观念发生了深刻的变化,这些观念从我们童年时代就在日常经验中获得了。但是,这种新哲学却能解决原子物理中的许多难题。许多物理学家很快就接受了新观点。另外一些人则完全不喜欢它,爱因斯坦就是其中之一。爱因斯坦关于决定论的哲学信念不允许他把测不准性上升为一个原理。”这间接表明,乔治·伽莫夫自己至少已经突破了决定论——即机械论。决定论在 18 世纪、19 世纪基本上统治了科学界。决定论认为一切都是由“因果关系”联系起来的,一切世界的运动都是由确定的规律决定的;知道了原因以后就一定能知道结果。

能否确定《趣味物理学》是否是决定论的科学观呢?该书的内容只谈生活中具体的物理小问题,不涉及科学观之类的理论讨论,但该书所谈的所有基础物理问题都有明确的解释,再考虑到作者所处的年代在 20 世纪初,尽管证据不够充分,大致推测《趣味物理学》可以归入决定论的机械主义科学观。

《量子物理史话:上帝掷骰子吗》中,对决定论的批判更为详尽和彻底。不仅如此,该书还否定了实在论。实在论认为万物是独立于表达它们的语言以及人类的意念存在的。书中谈道:“换言之,不存在一个客观的、绝对的世界。唯一存在的,就是我们能够观测到的世界。物理学的全部意义,不在于它能够揭示出自然‘是什么’,而在于它能够明确,关于自然我们能‘说什么’。没有一个脱离于观测而存在的绝对自然,只有我们和那些复杂的测量关系,熙熙攘攘纵横交错,构成了这个令人心醉的宇宙的全部。测量是新物理学的核心,测量行为创造了整个世界。”

书中进一步说:“正如我们的史话在前面一再提醒各位的那样,量子论革命的破坏力是相当惊人的。在概率解释、不确定性原理和互补原理这三大核心原理中，前两者摧毁了经典世界的因果性，不确定性原理和互补原理又合力捣毁了世界的客观性和实在性。新的量子图景展现出一个前所未有的世界，它是如此奇特，难以想象，和人们的日常生活格格不入，甚至违背我们的理性本身。但是，它却能够解释量子世界一切不可思议的现象。”

刘华杰认为：“本书作者所持有的哲学观念已经超越了素朴实在论，这一点我是赞赏的。某物‘本来的颜色’确实是子虚乌有，只是人们在常识意义上习惯于那样称谓。在微观世界，物质呈现波粒二象性，传统上人们说某某既是粒子又是波，其实更好的说法也许是：某某既不是粒子也不是波。‘波’或‘粒子’都是人们在宏观层次人造的概念工具。多多少少从‘工具主义’的角度理解科学术语和科学理论，可以帮助人们克服常识、本质主义、实在论等长期带给我们的偏见。”

五部科普作品的科学观比较如表 3.4 所示。

表 3.4　五部科普作品的科学观比较

书名	《人人应知的科学》	《量子物理史话：上帝掷骰子吗》	《物理学发展史》	《物理世界奇遇记》	《趣味物理学》
科学家形象	有正面也有负面的，案例中负面的居多	正面形象，但有很多细节的描写，涉及逸事、绯闻和争斗	正面形象，但有常人的一面，有一些简短的介绍	正面形象，没有进一步的描写	正面形象，但基本没有正式出现
对科学的态度	从社会学角度分析，有很多批评和质疑	基本肯定	肯定	肯定	完全肯定
科学观	系统的 SSK 科学观，科学史社会建构的产物	有建构主义的影子，突破了决定论和实在论	实证主义，突破了决定论	实证主义	实证主义，决定论，机械的科学观

《量子物理史话：上帝掷骰子吗》的科学观还在某种程度上出现了建构主义的影子，例如书中写道："我们只能说，物理学家的想象力和创造力是非凡的，但这也引起了我们深深的忧虑：到底在多大程度上，物理理论如同人们所骄傲地宣称的那样，是对于大自然的深刻'发现'，而不属于物理学家们杰出的智力'发明'？"

在对待科学的态度上，《量子物理史话：上帝掷骰子吗》是积极肯定的。如，作者在结尾处写道："科学在不停地检讨自己，但这种谦卑的审视和自我否定不但没有削弱它的荣光，反而使它获得了永恒的力量，也不断地增强着我们对它的信心。"这实际上是对科学精神的颂扬。

科学观在不同科普作品中的表现差异很大，在上述作品中，其科学观的表达都是间接而零星的。分析这些并非系统化的科学观表述，只能得到比较粗线条的结论。上述作品的科学观中，《趣味物理学》《物理世界奇遇记》《物理学发展史》都可以认定为是实证主义的科学观，但经历了从决定论到非决定论的变化过程。《量子物理史话：上帝掷骰子吗》的科学观不但突破了决定论还突破了实在论，出现了建构主义的倾向。

3.4.2 SSK 对传统科学观的批判

科普作品中科学观的变化，在一定程度上反映了时代的进步和科学哲学的进步，又在一定程度上与科学史理论的发展有关。20 世纪以来，人们对科学史的深入研究，影响和反映了科学观的不断变化。

近代科学自诞生以来的漫长历史时期中，从 19 世纪孔德的实证主义哲学开始，到 20 世纪初维也纳学派将逻辑实证主义发展到极致，再到波普尔的证伪主义，直到拉卡托斯修正后的精致证伪主义，称颂科学理性及其客观性的实证主义科学观一直占据着主导地位。1962 年，库恩用《科学革命的结构》一书掀起了科学哲学界的一场革命，从此科学哲学史上出现了"历史主义"转向。库恩认为，没有绝对的"客观"与"理性"，客观与理性都是对于范式而言的，不同范式之间不可通约。在库恩的影响下，科学哲学、科学史、科学社会学进入了新的发展阶段，科学的社会建构性日益成为关注的焦点问题之一。20 世纪 70 年代，SSK 在英国兴起，它突破了以往的科学社会学只关注科学研究外围的社会建构性，主张科学知识本身也是一种社会产品，科学知识是与社会建制直接相关的。

SSK 采用经验主义和博物学的方法，反对规范先验论和理性实在论。在 SSK 看来，科学知识并非由科学家“发现”的客观事实组成，它们不是对外在自然界的客观反映和合理表达，而在一定意义上是科学家在实验室里制造出来的局域知识。通过各种修辞学手段，科学家将这种局域知识说成是普遍真理。科学知识实际上负载了科学家的认识和社会利益，它往往是由特定的社会因素塑造出来的。它与其他任何知识一样，也是社会建构的产物。

SSK 的兴起有复杂的社会背景。一方面，科学在理论和应用两个方面所取得的进步，不断强化了自启蒙运动以来的科学主义信念，借此，科学在现代文化中几乎取得了霸权地位。对科学持乐观态度，既普遍反映在许多知识分子和科学家的思想中，也反映在大量的科普作品中。另一方面，在经过两次世界大战、核军备竞赛以及环境与生态危机等历史事件之后，人们对科学的两面性有了一定的认识。在 20 世纪 60 年代，西方出现了“反科学的文化运动”，人文文化与科学文化之间的对立凸现。人文学界对科学的批评，实际上代表着人文学界对战后科学的文化霸权的反击和批判。这种对文化霸权的批判，促使人们注重对科学与社会的相互关系的研究。这种研究把注意力放在了科学与政治的关系上，并且把审视的目光投向产生科学知识的实验室。SSK 就是这种研究立场的代表。

SSK 兴起后，其新科学观很快就反映到科普作品中，出现了《科学勾勒姆》和《技术勾勒姆》等“勾勒姆”系列作品，并产生了较大的社会影响。

3.4.3 勾勒姆：《人人应知的科学》中的科学新形象

《科学勾勒姆》就是《人人应知的科学》一书。该书最早出版于 1993 年，作者是哈里·科林斯（Harry Collins）和特雷弗·平奇（Trevor Pinch）。书的名字按直译为《勾勒姆：关于科学人们应该知道些什么》（The Golem：What You Should Know About Science）。

哈里·科林斯（也有人译为哈里·柯林斯），生于 1943 年，是知名的科学知识社会学家，曾在巴斯大学工作，是 SSK 的巴斯学派的创立者，现任英国卡的夫大学的社会学教授。1997 年哈里·科林斯获贝尔纳“科学之社会研究杰出贡献奖”。哈里·科林斯是 SSK 界的一个代表性人物，他采用微观案例研究方法，探究了科学知识的社会本质，提出了相对主义的经验纲领，在一定程度上促进了对科学知识的深入研究。特雷弗·平奇（也有人译为特雷弗·宾茨），生于 1952 年，在巴斯大学获得了社会学博士学位，后任教于美国康奈尔大学，也是一位科学知识社会学家。

《人人应知的科学》一书，旨在向普通读者介绍 SSK 基本思想，宣传科学研究不是一个客观地、绝对无误地产生真理的过程，相反，它是一个非常人性化的社会过程。该书在很大程度上改变了以往科学的正面形象，把科学比作了“勾勒姆”。该书介绍：“勾勒姆是犹太神话中的怪物，是人通过咒语和魔法用黏土和水创造的类人动物。它勇武有力，每天都会强壮一点。它会遵从你，为你工作，保护你免遭曾威胁过你的敌人的伤害。它笨手笨脚，然而危险。不加控制，勾勒姆会以其连枷般的强大力量毁灭它的主人。”

该书进一步说明“本书的意图是要解释作为科学的勾勒姆”，实际是想用“勾勒姆”解释“科学”。书中说：“我们意在表明它并非邪恶之物，只是有点疯狂。勾勒姆科学不会因其错误而受责备；那是我们自己的错误。假如勾勒姆尽了力，它也不能受到责备。但是我们不能对它企盼太多。尽管是强有力的，勾勒姆也只是我们的艺术与技艺的产物。”

刘华杰指出了用“勾勒姆”来隐喻科学的一个微妙之处。事实上“勾勒姆的概念在不同的传说中有不同的内涵”（哈里·科林斯等，2000）。刘华杰（2000b）认为：哈里·科林斯“也许巧妙地考虑了传说中关于勾勒姆本身就有多重含义，果真如此，这实在太妙了。如今人们理解科学也有多种道路和立场，这可以与不同版本的勾勒姆传说相呼应”。

关于《人人应知的科学》的写作手法，作者这样解释：“本书很简单易懂。为了表明何为勾勒姆，我们将做一些几乎没听说过的事；我们将用我们能搜集到的尽可能少的关于科学方法的思考来展示科学。我们只想描述一系列的科学事件，一些很有名，一些不那么有名。我们将说出发生了什么。在我们确实要深思的地方，比如在冷核聚变的故事中，那也将是关于事态的思考，人并非方法论的人。结果将是令人惊讶的，震惊不可避免，因为科学观念陷入了哲学分析、神话、理论、圣徒传、自鸣得意、盲目崇拜、恐惧以及更重要的完美的事后诸葛亮等的重重网缚中，以至到底发生了什么从来没有传到哪个小圈子之外。”

哈里·科林斯和特雷弗·平奇在《人人应知的科学》中共讨论了7个案例：涉及动物记忆的化学转移的实验、“证明”相对论的两个实验、冷核聚变、巴斯德与生命的起源、引力波的发现、鞭尾蜥的性生活和太阳系中微子的离奇失踪故事。这些被讨论的案例，都是发生在科学界的内部。用这些案例，哈里·科林斯和特雷弗·平奇质疑了一些科学家及其研究活动，“描述了一些看上去不可能受到赞颂的工作”（特雷弗·科林斯，2000），试图说明“科学作为普通事物的一面”（哈里·科林斯等，2000）。书中明确说：“我们研究的一些事例向我们揭示了科学发现并无逻辑可言，或者说，如果有逻辑的话，那就是我们日常生活中的逻辑。”但围绕这些案例及其所要说明的SSK科学观存在很多争议。物理学家戴维·迈尔曼于1996年在《今日物理学》上发表了两篇针对该书的批评性评论，并在后来与哈里·科林斯和特雷弗·平奇在该杂志上又进行了两回合的论战（张增一，2006）。在国内，关洪（2002）也提出，哈里·科林斯的关于相对论实验的案例分析“从现代物理学的高度看来，实际上都没有多大的科学意义”。他还进一步批评说：“哈里·科林斯并没有站在现代科学已经达到的水平来讨论历史上的案例，一般只限于就当时的情况就事论事。这一点正是国内国外的科学文人们最容易犯的毛病。”

虽然不乏争议，但《人人应知的科学》一书对科学形象的新构建还是产生了很大的影响。它直接宣传了SSK巴斯学派的理论观点，为该学派赢得了知名度和影响力。1995年该书获美国社会学会颁发的默顿图书奖，就是一个佐证。

3.4.4 从《人人应知的科学》看科学观和科普作品的关系

《人人应知的科学》所持的科学观和对该科学观的表述方式与本章前面分析的四部科普作品相差迥异。

首先，《人人应知的科学》所持的科学观是SSK巴斯学派的科学观。作者本身就是和科学史领域关系密切的科学知识社会学家，其科学观有明确的思想和理论来源。在对待科学和科学家的态度上，这个学派和实证主义科学观有根本的区别。在前几部科普作品中，固然也有对科学家个人的批评和对其缺点的介绍，但这些缺点都是他们在科学活动之外作为常人的缺点。在科学研究活动中，他们的形象基本上还是积极正面的。而在《人人应知的科学》中，科学家的研究活动本身不再具有正义和神圣的色彩，而是遵循社会生活的逻辑，有些工作并不值得赞扬。

其次，《人人应知的科学》表述了比较系统的科学观，科学观本身成了书的主题。在前面几部科普作品中，科学观的表述都是间接的，零散而不系统。但在《人人应知的科学》中，科学观的表述是直接的，成体系的。作为一部典型的科学文化类科普作品，不是普及一般的科学知识，而是以直接宣传新科学观为目的。书中明确指出，勾勒姆系列“试图向不懂科学的人解释什么是科学并揭示社会科学家研究自然科学家与技术专家时持的观点”（哈里・科林斯等，2000）。书中还谈道：“改变公众对科学与技术在政治领域中扮演的角色的理解，是我们这本书的一个重要的目的，这也是为什么我们在很多章节提及科学内部事件的原因。”

最后，《人人应知的科学》直接以科学史为基本素材来论证其反映的科学观。该书通过搜集科学史中的一些事例，系统阐述和宣传 SSK 巴斯学派的科学观，塑造了科学的“勾勒姆”形象。虽然围绕该书的理论和案例都存在一些争议，但作为直接系统化地传播科学观的科普作品，它的宣传效果和社会影响却不容忽视。

案例表明，作为科学史研究成果的新科学观（SSK 巴斯学派的科学观），可以通过科学文化类的科普作品借助科学史的史实案例直接普及给公众。此时，普及的不是一般的科学知识，而是系统的科学观。实际上，《人人应知的科学》一书在可读性和严谨性方面并不特别突出，甚至颇有争议。但其社会影响是毋庸置疑的，其叙述方式和科普手法也许并不如何高明，但它要做的事情是直接传播科学观，最终起到了事半功倍的科普效果。

第4章 科学史与科学漫画

4.1 科学漫画和科学史的精神联系——科学观

前一章讨论了传统意义的科普作品与科学史之间的联系，这类科普作品受到科学史的影响往往是直接的。事实上，受到科学史间接影响的，还有另一类科普作品，笔者将其称之为拓展型科普作品。拓展型科普作品主要指涉及科学题材，或包含一定的科学内容，但不直接传播科学知识、科学思想和科学观念的作品。在拓展性科普作品中，科学知识和科学史本身已经不再是科普作品所要直接反映的内容，它和科学的联系实际上成为一种间接的精神联系。这种联系的纽带就是体现科学文化因素的科学观。

拓展型科普作品的形式非常广泛，既包括大量不直接以科普为目的但涉及科学题材的大众读物，诸如科幻小说、科学漫画、科学散文、科学游记，也包括涉及科学内容的非严格科普指向的科学戏剧、科学电影和一些电视节目等。本章以科学漫画为例来讨论科学史对拓展型科普作品的影响。

讨论科学史对科学漫画的影响，其关键就是科学观。这种影响的传递链条可以表述为：科学史直接或间接地影响和塑造着科学漫画作者的科学观，从而再影响漫画作品的主题和构思，进而反映到作品人物艺术形象的塑造和故事情节的创作之中，最后影响到科学漫画作品的艺术性、思想性和生命力。用基于前沿 STS 理论研究成果的科学传播理论与实践观念来看，科学漫画是一种独特而优质的科学传播手段。通过科学漫画，可以影响社会中的科学观和科学文化的塑成。反之，特定社会历史中的科学观和科学文化也在影响着科学漫画的内容和形式。

漫画作为一种大众流行文化形式，在日本独树一帜。从全国著名的大型连锁书店，到无所不在的便利店，漫画都占据着相当的位置；从学校、公司、家庭，到拥挤的电车上，乃至报刊亭边即兴阅读的人群中间，漫画爱好者比比皆是。目前日本漫画杂志及单行本的发行量已占杂志和图书发行总量的 45%，动画片的制作数量达到每周 50 ~ 60 部。其受众群从幼儿、中年到老者，从上班族、家庭主妇到知识分子，遍布各年龄段和社会阶层。日本漫画通过现代媒体进行传播，画面细腻，情节跌宕，表现手法丰富，戏剧效果强烈，蕴藏着浓厚的民族文化气息，以一种轻松休闲的方式表达浅显或深刻的主题，体现出一种新的生活方式和价值观。漫画几乎渗透到了日本社会的各个领域，深刻地影响着日本文化的方方面面。日本漫画的数量之多、范围之广、影响之大，在世界流行文化中都属罕见，可以说，漫画是一种不可小视的日本社会独特的文化现象。不仅在日本本土，漫画文化作为日本流行文化的先锋代表，以其独特魅力，对亚洲乃至全世界的流行文化都产生了重要影响。

日本漫画的题材广泛，类型多样，仅从漫画的表现主题与受众对象上看，就有电子游戏漫画、儿童漫画、少年漫画、青年漫画、少女漫画、女士漫画、育儿漫画、随笔漫画、成人漫画、信息漫画、幽默漫画、恐怖漫画、科学漫画等类型。其中，科学漫画是以表现科学技术发展的最新成果为主线的现实题材或科学幻想型的非现实题材的故事类漫画的总称，广义上也包括所有包含了科学知识元素的漫画。科学漫画往往通过某些现实或者想象的情节发展，来揭示某种科学原理，传播科学知识。用基于前沿 STS 理论研究成果的科学传播理论与实践观念来看，科学漫画是一种非常好的科学传播形式。

日本的漫画家群星璀璨，层出不穷。其中以作为日本第一代漫画大师的手塚治虫和第二代漫画宗师的宫崎骏最为显赫，他们的作品传播最广，影响最大，在许多国家都家喻户晓。本文分别选取了手塚治虫和宫崎骏的代表性作品《阿童木》和《风之谷》进行对照和分析，从中折射出日本社会不同时期科学观的整体性特征及其变迁，为科学传播与科学观和科学文化的互动影响提供案例研究。

4.2 日本战后科学观下的漫画作品——《阿童木》

4.2.1 手塚治虫与阿童木

科学漫画人物形象——“阿童木”，出自日本第一代漫画家手塚治虫之手。手塚治虫 1928 年生于日本大阪，1946 年 18 岁时开始进行漫画创作，1952 年获得医师资格，1961 年在奈良大学取得医学博士学位。此后直到 1989 年去世前，手塚治虫留下了大量的漫画和动画作品。作为日本战后最具影响力的漫画家，手塚治虫开创了长达数百页乃至上千页的长篇叙事漫画的形式，并将小说和电影的艺术手法融入漫画中。由手塚治虫发展起来的新型动漫绘画，以剧情发展和人物塑造为主，题材向多元化延伸，涉及政治、经济、历史、科学、宗教、商业、体育、探险以及文艺小说和纪实报告文学等各个领域，吸引了不同年龄段、不同社会阶层的人们，最终推动了日本漫画产业的发展（手塚治虫，1969、1997；桜井哲夫，1990；竹内オサム，1992）。

手塚治虫最初创造阿童木这一人物，是 1951 年发表在光文社的《少年》杂志上的漫画《阿童木大使》。《铁臂阿童木》紧随其后，于 1952 年 4 月开始连载，一直持续到 1968 年《少年》杂志停刊为止。此后阿童木系列又在其他杂志上刊登过一些后续故事。阿童木最初在电视上出现是 1957 年的连环画剧，1963 年作为日本第一部动画片播出，1980 年播出彩色版，以后手塚治虫的后继者们更是运用多种新技术手段创造出了各种新的形式（伊藤宪二，2003）。

故事中的阿童木被手塚治虫设计为 21 世纪日本科学省制造的机器人。在科学省任职的天马博士因儿子在车祸中丧生而悲痛欲绝，他尝试按照儿子生前的模样制造出了一个机器人——阿童木。然而机器人终究无法与自己的儿子一样，天马博士在伤心愤懑之下，将阿童木卖给了马戏团。后来同在科学省任职的茶水博士收留了遭遗弃的阿童木，并赋予它超常本领。1951 年发表的《阿童木大使》，故事是从一个星球的毁灭开始的。宇宙中某个星球的居民在自己的星球毁灭之后，乘坐宇宙飞船在宇宙中寻找新的家园，经过了数千年的航行，终于发现了地球。地球上各个国家决定各自接受一部分宇宙人，而日本科学省的天马博士因为担心粮食不足的问题，建立了一个叫作“红衫队”的秘密组织，以图暗杀这些宇宙人。宇宙人为此移居到南极避难，并利用先进的科学技术手段向人类发起战争，用猛烈的空袭破坏地球上的城市。机器人阿童木在地球人和宇宙人之间调和，最终用地球人与宇宙人各选一半的居民去火星居住的和平解决方案结束了这场战争（手塚治虫，1979b）。

手塚治虫笔下的阿童木有这样几个特点：

（1）具有超人的能力。阿童木的超人能力常被称为“七大能力”，如：具有最大输出功力为 10 万马力的动力；脚底安装有飞翔用的引擎；手臂能发射激光；具有超强的视力和听力；具有强大的计算能力和语言能力，等等。

（2）在某些方面具有人类的特征。阿童木具有与人类的孩子同样的外观，像人类的孩子一样必须学习很多东西。阿童木被塑造为与人类具有很多相似的特征，有着同人类一样的烦恼和感情，是人类的朋友。

（3）与民主价值联系在一起。《阿童木大使》和《铁臂阿童木》中都不断涉及美国式的民主价值观（手塚治虫等，1983）。阿童木不仅被塑造成科学的孩子，也是维护人权、反对种族歧视和偏见等美国式民主价值观的拥护者和代言人。

（4）强调科学技术。在阿童木系列作品中，科学是一种强大的力量，这种力量并非暴力，而是惩罚罪恶、恢复和平的正义力量。仅从字面来看，“阿童木”，即日语的“アトム”，这个词源自英语的“Atom”。阿童木不仅仅是原子，也代表着原子能。在阿童木的世界里，包括阿童木在内的所有高等机器人原则上都是善的，作恶多端的只有被人类恶意改装了线路的低等机器人。阿童木的故事反复强调着这样一个主题：机器人本身是善的，只有被恶人利用才会变恶，而这种恶最终会被真正的机器人善的力量所消灭（伊藤宪二，2003）。由此，阿童木系列作品中表现出极端乐观主义的科学观。

阿童木系列作品中出现的两个代表性的科学家形象是天马博士和茶水博士。天马博士是一个反面人物，制造出阿童木后遗弃了它，并且运用自己的科学知识和技能做恶事。天马博士始终在暗处观察着阿童木，是一个意味很深的角色。另一个更为中心的人物是茶水博士，他与天马博士形成鲜明对照，善良温厚，富有人情味，如同亲人般地教育阿童木。作为天马博士在科学省的继任者，他不仅领导着日本科学技术的发展，也是“机器人人权”的倡导者，是一个民主主义者（手塚治虫，1979a，1979b）。茶水博士的形象，随着阿童木现象的普及，对日本科学家形象的形成，具有很大的影响。

4.2.2　阿童木与日本战后的科学观

阿童木的一系列特点与日本战后的时代背景密切相关。《阿童木大使》故事的开端就是宇宙人所居住的星球的毁灭，这是后来的日本漫画中反复表现的主题“末世论”的最初登场。实际上，这与作者手塚治虫亲身经历的“二战”中的大阪空袭，都市遭到毁灭性破坏的体验有着深刻的联系（手塚治虫，1997）。

阿童木是乐观主义的科学技术观和美国价值观特别是民主价值观的典型体现。科学技术不仅仅是一种有效的工具，也是构成价值观和理想社会的基础。但是阿童木所代表的这种科学技术观并不是日本文化固有的本质，而是与当时特定的时代背景联系在一起的。战后的日本，有一种对精神至上论及非理性主义的反思和批判，崇尚美国式的工业文明和民主价值观。

颇有意味的是，在阿童木系列作品中，所谓“科学技术”，在相当程度上与原子能相关。这一点从阿童木的名字中便可以看出。作为刚刚受到原子弹轰炸的国家，对原子能如此肯定的态度看上去不可思议，而事实确实如此，在这一时期，对原子弹深恶痛绝的情绪并没有在日本民众中散播开来。在占领期的日本，原子弹被看作带来和平、推翻日本军事政权的正义武器（伊藤宪二，2003）。

另外，阿童木系列作品中表现的科学技术也是与美国联系在一起的，故事中描绘的由科学技术带来的民主价值和丰富的物质生活，某种意义上，是占领期日本人心目中的美国生活的投影（伊藤宪二，2005）。

战败后，处于占领期的日本，科学技术被描绘成一种玫瑰般的色彩。科学技术被看做未来繁荣的基础，为日本人带来幸福生活的远景，得到广泛普遍的支持。尽管不同党派和政治派别之间存在着微妙复杂的立场差异，但是在认为日本必须大力发展科学技术的这一认识上，出现了空前的一致。这种科学技术立国论的思想，实际上是一种国家主义的立场，更进一步地说，是一种科技民族主义（technonationalism）的立场。另外，从商业主义的角度出发，战后的日本更将科学技术看作能够带来丰富的物质生活的手段。有代表性的是日本的电器产业。借由科学技术的发展，生产出大量便宜又好用的家用电器，这一想法对日本人的生活乃至日本产业的发展方向产生了重要而持久的影响（伊藤宪二，2003）。

《拥抱战败：第二次世界大战后的日本》的作者约翰·道尔（John Dower）指出，战败后的日本，政治家、军人、媒体都将战败的原因归咎于日本科学技术的落后。约翰·道尔认为，将战败的原因都归咎于科学技术是战争指挥者逃避责任的一种好借口，他们无视战争中的科学动员以及对科学家的重视和优待等事实，编造了战争中日本无科学、非理性主义至上的谎言，并由此倡导“科学立国”（约翰·道尔，1999）。与这种看法有所不同的是，日本著名科学史家中山茂指出，战后日本科学的发展主要是科学向民主化的转变，是“科学与民主幸福的联姻”（中山茂，1995a）。虽然两种看法有所不同，但是整体而言，日本战后的科学技术是与民主价值紧密联系在一起的。对战后的日本人来说，科学技术不仅是一种工具，而且被拟人化地看作是人类的朋友，科学技术象征着和平、进步和正义，是国家发展的基础，与民主价值观一起作为公众的一种必备素养。

总体而言，阿童木系列作品表达了这样一种科学观，科学技术本质上是善的，是可以造福人类的一种“神话”，阿童木所象征的科学技术高度发达的产物，也被描述成代表着善的正义力量。人类受到科学技术的恩惠，生活得以更加丰富多彩。手塚治虫本人并不是绝对的科学乐观主义者，他在1949年发表的《东京地铁警察》的末尾，也暗示了科技进步的危险性（手塚治虫，1979c）。即使在阿童木的世界中，也并不是完全理想的乌托邦，也存在着很多问题，有很多恶意利用科学的反面人物登场。但是，整体来说，就阿童木本身而言，作为科技进步的产物，它是善的化身，是人类身边的朋友，它能够运用科学技术的手段，帮助人类解决诸多问题。

4.3 日本新时期科学观下的漫画作品——《风之谷》

4.3.1 宫崎骏与娜乌西卡

宫崎骏1941年生于东京，1965年开始从事漫画创作和动画制作。宫崎骏的作品主题涉及人与自然、环境保护、生态伦理、理想社会、生存意义、生命价值等诸多方面，充满了对工业文明和现代性的严肃思考和反思，不仅在日本和亚洲产生了重要影响，更是受到了全世界的极大关注，在全球动画界具有无可替代的地位，是当今动画电影艺术价值和商业价值的巅峰。

1982年，《风之谷》开始在德间书店的Animage杂志上连载，到1994年完结，连载为时12年，长达7卷。这部漫画包含着史诗般壮丽宏大的篇章，讽喻了人类破坏自然、自相残杀的愚蠢行为。其中有对残酷现实的揭露，有对人类战争的思考，有对产业文明的反省，有对人与自然关系的探索，有对生命价值与生存意义的追问，是体现着宫崎骏生态伦理思想和人文主义精神的集大成之作。

1984年，动画版电影《风之谷》上映。影片中展现了因人类的愚昧战争和过度掠夺而反噬的自然，被环保主义者视作经典，还被世界自然资金会列为推荐影片。故事发生在未来世界。人类社会的工业文明达到巅峰之后，经历了一场被称为“七日之火”的战争而毁于一旦。世界被一种叫作“腐海”的新生态系统所覆盖，“腐海”主要由森林、菌类和被称为“荷母”的巨型昆虫所组成。仅存的人类生活在很小面积的陆地上，在释放着有毒瘴气的腐海森林、菌类和巨大“荷母”的威胁下，艰难地生存。风之谷是一个海边的小国，因为有海风的庇护，不会被腐海森林的孢子散发出的有毒瘴气侵入而得以幸存。风之谷的公主娜乌西卡是一个美丽善良、聪明勇敢、坚强仁爱的16岁少女，懂得御风，能够驾驭滑翔翼像鸟儿一样飞行，并且具有同“荷母”沟通的能力。野心勃勃的多鲁美奇亚人想征服世界，为了消灭腐海，他们攻占了培吉特，挖掘出了“七日之火”中毁灭一切的生化武器“巨神兵”。多鲁美奇亚的士兵驾驶运输机带着“巨神兵”坠毁在风之谷，风之谷和娜乌西卡卷入了人类争夺“巨神兵”的战争中。在随后发生的一系列战斗中，娜乌西卡偶然随流沙掉入腐海，到达腐海底部，发现了腐海的秘密。腐海中的森林一直在净化着被污染的大地，在净化中才产生了有毒的瘴气，而“荷母”是为了守护森林才与人类对抗。在被净化后的腐海底部，有着干净的空气和水源。培吉特人为了报仇并夺回“巨神兵”，用一只幼小的“荷母”诱使“荷母”群攻击被多鲁美奇亚人占据的风之谷，此时，娜乌西卡用自己的身体做盾牌，解救了小“荷母”，并化解了“荷母”群的愤怒进攻。“荷母”群被娜乌西卡所感动，用特殊的能力救活了娜乌西卡。故事的结局是在朝阳中，娜乌西卡站在由“荷母”群的触须所构成的金色草原上快乐起舞，印证了一个蓝衣人在金色的草原上给人类带来了新的希望的古老传说（宫崎骏，1987）。

《风之谷》中的娜乌西卡有这样几个特点：

（1）具有超凡的能力。娜乌西卡作为“风之谷”的公主，具有超出常人的能力。她懂得御风，是一个游走在人类、动物、植物与自然之间的大使。

（2）是人与自然沟通的媒介。在《风之谷》中，娜乌西卡一直充当着人类与自然之间沟通的媒介。她选取一些植物种在地下室的花园，用没有受到污染的水和土壤培育，证实了植物本身的纯净。她建造的那个纯净绚烂的花园，是她同自然自由对话的圣地。

（3）孤独与救赎。在《风之谷》中，娜乌西卡始终是孤独的，因为她是唯一清醒的人，她不被理解，却在每次危险来临时一个人挺身而出去化解。

4.3.2 娜乌西卡与日本20世纪70年代以来的科学观

《风之谷》中表现的主题和娜乌西卡的一系列特点，与日本20世纪70年代的“反公害”“反核”“反科学”运动的社会背景密切相关。1970年，日本陆续发生公害事件——濑户内海污染，田子浦污染，光化学烟雾事件，加上20世纪60年代起发生的由于工业水污染引起的水俣病等严重影响公共健康的公害病问题，公害问题引起社会广泛关注。另外，以1973年的石油危机为发端，能源、环境问题也开始成为日本公众关注的话题（藤垣裕子，2008）。

《风之谷》中，腐海的形成正是人类自己造成的恶果，“七日之火”烧毁了现代工业文明，人类对自然的污染已经渗入土地，高度发达的科学技术不仅没有为人类带来福音，反而破坏了生存环境，毁灭了赖以生存的家园。当风之谷的风停止的时候，灾难就要来了，愤怒占据了天空，人们无助而绝望。宫崎骏用这种象征性的寓言直接表达了当时日本社会对科学技术的怀疑和不安，以及对生存环境的关注和忧虑。在《风之谷》中，科学技术是危险的，具有高度的破坏性，借由科学技术迅猛发展起来的工业文明，也将被科学技术引向万劫不复的深渊，最终彻底毁灭。而能拯救世界的，是人类对自然的尊重与保护，人类与自然的沟通和交流，是人类放下武器、结束杀戮，面向自然的“心灵回归”。在科学技术悲观论的底色上，《风之谷》充满了生态伦理的价值观和人文主义精神。

4.4 科学观的变迁——从阿童木到娜乌西卡

4.4.1 机械主义自然观与生态主义自然观

手塚治虫笔下的阿童木是一个典型的男性孩童的形象，机智，活泼，顽皮，富于力量。作为一种拟人化的表现手法，阿童木这个形象与其所代表的尖端科技特别是原子能技术的特征是吻合的，先进的，优越的，精密的，高深莫测的。可以说，阿童木是原子能技术的恰当代言人。而宫崎骏笔下的娜乌西卡是一个典型的少女形象，清纯，美丽，善良，仁爱，宽厚，对生命对自然充满了女性的柔情。娜乌西卡以一个善良仁爱充满母性情怀的少女形象，代替了机械、逻辑、力量性的男性形象，日本科学漫画中主人公性别形象的转变，与机械论自然观向女性生态主义自然观的转变形成了某种暗合。

机械论观点把自然看作死的，把自然看作被动的，所以它所起到的作用就是微妙地认可了对自然及其资源的掠夺、开发和操纵（麦茜特，1999）。在人与自然的关系上，机械论自然观认为自然界是毫无知觉的，自然界作为人类之外的一个部分，人类可以为了某些可见的利益去干预甚至破坏自然界的运行。在机械论自然观的指引下，发展出工具主义的资源利用理念，即把自然仅仅视为一种可资利用的工具，认为自然的存在价值仅仅在于自然能够源源不断地为人类经济活动提供资源，因而控制、征服和掠夺自然被视为理所当然的事情（何艳波，2008）。

生态女性主义自然观重新界定了女性和自然的关系，认为人与自然的关系和男性与女性的关系存在某种相似性。人类对于自然的统治和压迫类似于男性对于女性的统治和压迫，要求解除所有统治女性和自然的父权制观念架构，建立一种新的人与自然的关系，使女性和自然等“其他人类他者”的共同发展成为一致的行动。生态女性主义反对穷竭资源机制的态度，如生态女性主义学者帕特南·童所说：“所有的生态女性主义者都相信，人类彼此是相互关联的，人类也是和非人类世界，如动物、植物和静态物质相互关联的。不幸的是，我们并非总能认识到自己与他人的关系以及对他人的责任，更不用说我们与非人类世界的关系及其责任了。结果，我们相互施暴，也对自然施暴，我们庆幸自己的利益得到保护。而与此同时，我们每天都在地球上堆积垃圾，这是我们生于其地将来还要归于其地的星球；这样，我们杀害我们的兄弟姐妹，其实也是杀害我们自己。”（帕特南·童，2002）

用生态女性主义和女性主义科学史的观点来看，在前现代的自然观中，自然是一个有机体，有其内在价值，人与其他物种、大地的价值是平等的，而且组成一个不可分割的有机整体。近代以来，16 世纪、17 世纪的科学革命和产业革命使“一个有生命的、女性的大地作为其中心的有机宇宙形象，让位于一个机械的世界观，这里，自然被重新建构成一个死寂和被动的、被人类支配和控制的世界”（麦茜特，1999）。20 世纪后半叶，面对生态环境恶化、污染严重、自然资源被耗尽的危机，人类社会又重新开始重视前现代自然观的环境价值，而生态女性主义认为女性本质上与自然是密切联系的，传统女性美德能够培养更少侵略性、更能持续发展的生活方式。

在阿童木的世界里，充满了机械与逻辑，也充满了对男性力量的推崇，而《风之谷》中的娜乌西卡，以女性的视角去看待被人类的工业文明毁灭后的自然，试图以女性特有的温柔、细腻和母性之爱，平等地对待自然及其他生命，并用理解、关爱甚至自我牺牲去修复自然的创伤。日本两代动漫大师的代表性作品中主人公形象的转变，在某种角度上也反映了 20 世纪 70 年代以来日本社会自然观和生态价值观的变化。

4.4.2　技术乐观主义与技术悲观主义

技术乐观主义的实质是“技术崇拜”或“技术救世主义”，其基本特征就是把技术理想化、绝对化或神圣化，视技术进步为社会发展的决定因素和根本动力（徐奉臻，2000）。技术乐观主义相信技术会使大多数社会问题得到解决，虽然也承认技术自身带来了一些社会问题，但是认为这并不意味着技术本身有问题，而是由于人类利用和掌握技术上的缺陷或失误，这种缺陷或失误可以通过技术的发展以及人类利用技术的理性的不断进步来解决。

技术悲观主义又称反技术主义，认为技术的发展直接主宰社会命运，必然给人类带来灾难。它怀疑、否定技术的积极作用，主张技术必须停止乃至向后退（中国大百科全书编委会，1994）。技术悲观主义是一种否定的技术观，它用一种否定的情感意识、审视和批判的眼光去认识和看待技术的发展。

《阿童木》作为一部科学漫画，着力展示科学技术的先进成果和给人类带来的福祉，高等机器人阿童木作为幻想中的日本 21 世纪科学技术发展的结晶，几乎是彻底的技术乐观主义的代言人。首先，阿童木作为原子能技术的化身，表达了当时的日本社会对原子能技术的乐观期待。就连“二战”中受到原子弹轰炸这一事实，也被做了积极化的解读，原子弹被认为是可以带来和平、推翻日本军事政权的正义武器。而原子能技术向民用的转化，被期待可以解决粮食问题等人类社会面临的危机。在《阿童木》中，对以原子能技术为代表的现代科学技术的颂扬，体现出一种技术乐观主义的态度——科学技术本质上是善的，它不仅是工具，也是人类的朋友，象征着和平、进步和正义，是可以造福人类的“神话”，人类受到科学技术的恩惠，生活得以美好。

在《风之谷》中，科学技术变成了危险的、具有高度的破坏性的产物，是人类文明走向毁灭的元凶。被人的欲望所利用的科学技术是可怕的，它往往从诞生之初便按着自身的逻辑发展，对自然进行无尽掠夺，而当自然系统被彻底破坏时，受到惩罚的人类便感到所谓的科学技术在自然的威力下多么的渺小和微不足道。

《风之谷》中，幸存下来的人类，退守着地球上最后一方净土——“风之谷”。在谷中，遍地是缓缓转动着的风车，这种古老而简单的机械，带给人类生存的希望。在宫崎骏的技术观里，相比现代科技，他对近代形态的机械技术，持比较肯定的态度。他的作品中有许多情节以工业革命时代为背景。在这些作品中，对蒸汽机和机械力的运用，往往被他当作最具标志性的时代特征而加以浓墨重彩表现。机械转动暗喻了人本身的智慧和能力。与近代机械技术相比，现代科技无疑更具有一种独立的、不可控制的力量。

从《阿童木》到《风之谷》，日本社会经历了从 20 世纪 60 年代经济高速增长到 20 世纪 70 年代发生公害等一系列社会问题，高速增长时期背后的隐忧纷纷暴露出来的转变，相应地，日本社会对科学技术的态度，也发生了从技术乐观主义占绝对主流地位，到持忧虑态度的技术悲观主义日渐凸显的转变。

《阿童木》之后，关于科学技术与人类社会之关系的思考，在日本动漫中已发展成为一个颇具规模的体系，特别是在宫崎骏的作品中，有关科学技术的发展与人类的前景的关系，大多是带有悲剧色彩的表现和思考。对于现代科技，目前在日本已经少有动漫家对之持积极肯定的态度，日本动漫中热衷表现的各种末世景象，也是对现代科技发展悲观意识的一种体现。

4.4.3 科学主义与人文主义

科学主义坚持科学的方法是一切知识的标准和范例，科学是人类全部文化中最有价值的部分，有关人类生存的所有问题都必须在一切知识的科学化中解决，客观主义必须成为人类任何文化存在的基本原则，经验和实证则应该成为人类文化研究的基本方法。在科学主义看来，科学是唯一的知识、永恒的真理，是裁判全部文化的根据、标准和尺度。

人文主义精神以张扬人的主体性、创造性和个体存在价值为标志，把人的自由追求和需要满足看作本能表现，视多样性为普遍、多元化为自然、复杂性为对象本性，突出人的存在的自然权利和社会权利，突出人格的重要地位。

从20世纪50年代英国学者斯诺提出“两种文化”以来，科学文化和人文文化的分裂受到广泛关注和讨论，而两种文化的对立极端表现就是科学主义和人文主义的对立。

科学技术与人类价值的关系，向来是日本科学漫画中一个重要的表现内容。在《阿童木》中，已经对此有所关注，并表现出较明显的科学主义倾向。《风之谷》里，在腐海和“荷母”所统治的新生态中，人类表现得软弱无助，科学技术只会使人类的仇恨与厮杀继续升级。娜乌西卡如何才能救赎人类？宫崎骏给出的答案是：放下武器，停止杀戮，依凭“心”的力量，尊重生命，顺应自然，向“心灵”回归。作者的人文主义情怀在作品中展现得淋漓尽致。但是仅凭人文主义情怀也无法解决人类社会面临的种种困境，人类的发展需要多视角地审视自身、自然和社会，这是科学主义和人文主义都单独无法完成的。20世纪50年代以来，科学文化与人文文化的发展指向了一条共同的出路，即实现两种文化的融合。

《阿童木》和《风之谷》是拓展型科普作品的代表。这类科普作品和科学知识本身较少直接联系，作品中没有关于科学知识的呆板说教，而是靠塑造具体的、有个性的艺术形象和曲折的故事情节来展示科学的主题和反映科学的观念。科学观成为连接拓展型科普作品和科学史的精神纽带。科学史通过影响科普作家的科学观，从而影响到拓展型科普作品的主题和构思，进而反映到艺术形象和故事情节的创作之中。从阿童木到娜乌西卡的形象变化，是日本战后科学观变迁的体现，也是科学史间接影响科普作品的体现。

上述自然观和科学观的变迁，反映在科学漫画作品的主题中，又通过科学漫画的传播和普及，给日本公众带了广泛而深入的影响。考察自然观和科学观的变迁的源头，则不难看到科学史发展的背影和科学史理论演变的轨迹。

4.5 小结——科学史对各类科普作品的不同影响

本研究首先把科普的概念界定为：科学知识、科学方法、科学思想、科学精神等科学相关信息从科学共同体或其他掌握科学信息资源的机构及个人通过相关媒介到达社会公众或公众中的特定群体（不包括正规教育情境中的受众群体）的单向传播活动。作为我国科学传播活动的主流，科普活动的载体表现为内容丰富、形式多样的科普作品。为了便于有针对性地研究科学史对科普作品的影响，按照科普作品创作目的的不同，本研究将科普作品分为传统型科普作品和拓展型科普作品，并在此基础上又将传统型科普作品分为知识普及型科普作品和科学文化型科普作品。知识普及型科普作品主要以普及科学知识和科学方法为主；科学文化型科普作品虽然也包含科学知识的内容，但其传播的重点是科学的历史和相对系统化的科学观。拓展型科普作品主要指涉及科学题材，或包含一定的科学内容，但不直接传播科学知识、科学思想和科学观念的作品。

在对科普作品进行分类后，前一章与本章选取了三类共 7 部科普作品进行案例分析和比较研究，其中《趣味物理学》《物理世界奇遇记》和《物理学发展史》这 3 部作品是知识普及型科普作品的代表；《量子物理史话：上帝掷骰子吗》和《人人应知的科学》是科学文化型科普作品的代表；《阿童木》和《风之谷》是拓展型科普作品的代表。在具体分析了科学史对不同类型的科普作品的各种影响后，可以得出以下结论：

（1）科学史史料的运用可以增加科普作品的形象性和趣味性，增进读者的学习兴趣，促进科普效果的提高。

（2）科普作品引入科学史视角或科学史叙述逻辑，可以丰富科普作品的内涵，提高科普作品的可读性。

（3）科学史本身可以成为科普作品的主题，这样的作品不但可以普及科学知识，还可以更有效地普及科学方法、科学思想和科学精神。

（4）科学史理论的研究成果作为系统化的科学观，可以直接通过科普作品传播，为科学史专家和公众之间搭起沟通的桥梁。通过对反映新科学观的科普作品的案例研究，可以看到科学史研究的新成果，能够为科学向公众的传播注入新的思想和内容。当代科学史研究的成果对传统科普在人们心目中形成的科学观和科学家形象产生了强烈的冲击；通过对这些案例的解读和剖析，也可以反映出科普作品的新发展对于科学史研究的反馈。

（5）科学史影响着科学观的变迁，而科学观对各种科普作品都有不同程度的影响。科学观包藏着科学方法、科学思想和科学精神的大量因素，直接影响着科普作品的思想深度和生命力。

（6）科学观是科学史联系拓展型科普作品的精神纽带。科学史通过影响科普作家的科学观，从而影响到拓展型科普作品的主题和构思，进而可以影响其艺术形象和故事情节的创作，提高作品的思想性和艺术性。

（7）科学史对科普作品的影响，既有直接的影响，也有间接的影响；这种影响可能是具体的，也可能是抽象的。要提高科学传播的效果，创作出更好的科普作品，一个有效的途径就是深入挖掘科学史的宝藏，利用科学史的历史素材并充分吸收科学史理论的思想给养。

（8）通过对历史上经典科普作品的案例研究，可以看到这些经典的科普作品自身就构成了科学史的一个关注对象，能够反映出不同社会时期科学观演变的历史；同时可以看到产生某一时代的科学观的特定社会背景，这也为如何在新的时代中进行科学传播理论和实践的研究提供了新的维度。

第5章　科学史与科学传播

20 世纪 60 年代、70 年代以来，随着科学技术的发展，科学技术在社会中的重要性和影响力日益增长，同时也表现出越来越多的风险和不确定性，并带来了一系列争议性问题，如核问题、环境问题、公共健康问题、食品安全问题等，科学技术的发展已经不再能单纯等同于经济的增长和社会的进步。同时，随着科学的发展，科学组织体系不断膨胀，专业化程度越来越高，科学研究所需要的资金投入也越来越巨大，对科研资金使用的评估与说明已经成为科技政策与决策中不可缺少的一部分。科学作为一项具有独立性的事业，其合法性已经在一定程度上受到质疑，必须重新考虑公众在科学中的地位和作用，传统的科学普及已经无法适应和满足新时期科学与公众关系的建构，在这种背景下，一种新的科学传播理论研究应运而生并得到迅速发展，与此同时，世界上许多国家都开展了具有本国特色的科学传播实践活动。

近三四十年来，在科学传播研究范式和理论模型演变的同时，各国的科学传播实践活动也取得了长足的发展，并相应地发生了重要的转折和变化。本章首先对世界范围内新型科学传播的发展概况进行简略的梳理，然后分别从科学史的研究内容、研究立场、研究者三个方面来考察科学史对新型科学传播实践形式、理论观念等方面的影响。

5.1 科学史对科学传播的影响概述

5.1.1 科学传播实践活动概况

5.1.1.1 英国：从“公众理解科学”到“公众参与科学技术”

英国的传统科普历史悠久，而新型科学传播活动产生的标志性事件是1985年英国皇家学会的报告《公众理解科学》的发表。该报告基于公众科学素养的调查数据，指出英国公众对科学理解不足的现状，号召教育机构、大众媒体、科学共同体和产业界共同促进公众对科学的理解，提出了一系列具体方案（Royal Society，1985）。在该报告的倡议下，皇家学会与皇家研究院英国科学振兴协会共同设立了公众理解科学委员会（Committee on the Public Understanding of Science，CPUS），并以CPUS为主导开展了一系列科学传播活动：例如从面向上层政府官员到面向普通女性的各种形式的讲座和沙龙，在大英博物馆等机构的协作下设立科普著作奖，为地域性科普活动提供资金等（COPUS，1992）。

进入20世纪90年代，以“疯牛病事件”为导火线，英国出现了严重的公众对科学的信任危机，科学传播活动也由此发生重要转折，政府的科学传播政策转向解决科学信任危机。2000年，英国上议院科学技术特别委员会发表报告《科学与社会》，强调了科学的风险和不确定性，提出“与公众对话”的理念，并探讨了相应的实践方式，包括公民评审团、协商民意测验、听证会、共识会议等（英国上议院科学技术特别委员会，2004）。英国政府接受了该报告的建议，认识到促进科学家与公众对话的必要性，在2000年6月的科技白皮书中，强调公众作为科学消费者的作用，并指出在全社会范围讨论科学研究的价值非常重要（Department of Trade and Industry，2000）。

政策转型引起了科学传播活动中一些基本概念的变化。报告《科学与社会》指出了“公众理解科学”这一概念存在的问题，它隐含着一种假设，即把科学与社会关系中的所有问题，都归于公众的无知和误解。新政策接受了这一批判，开始改为使用“公众意识（awareness）科学”，并提出要通过科学家与公众的对话实现“公众参与科学技术”（Public Engagement in Science and Technology，PEST），从而提高公众对科学的认识（Socklmayer，2001）。在重视对话的趋势下，英国开展了一系列新的科学传播活动，科学咖啡馆是其中有代表性的一种。1998 年，首先在英国的利兹开始，随后在世界多个国家广泛开展（中村征树，2008）。

在新的形势下，CPUS 于 2004 年 7 月结束了对“公众理解科学”活动的资助，从 2004 年 9 月开始进行名为“科学智慧”（sciencewise）的新项目。其中包括：

（1）科学展望（science horizons）：为公众提供讨论“关于科学技术的发展和未来的社会”的场所；

（2）多重改变活动（XChange）：以公众为主体的讨论会，公众同时担任提问者、参与者、对话者、投票者等多重角色；

（3）科学传播午餐会（science communication working lunches）：利用工作午餐时间为科学传播实践者提供信息交换场所；等等（Sciencewise - ERC，2008）。

总体来说，在英国，1985 年《公众理解科学》报告发表以来，经过种种尝试，科学传播活动得到了较大的发展。以“疯牛病事件”为转折点，由最初的以科学家为主体的“公众理解科学”活动，向着注重“科学和公众对话”的方向发展。

5.1.1.2 欧洲：从“公众参与型技术评估”到“科学商店”

“技术评估”（Technology Assessment，TA）是指在技术开发之前对新技术对社会和环境的影响进行评估的一种形式，最初诞生于 20 世纪 60 年代的美国，20 世纪 70 年代转向欧洲。20 世纪 80 年代，英国、法国、德国、丹麦等国相继设立了技术评估机构。20 世纪 90 年代，芬兰、希腊和意大利也成立了自己的评估机构（Bimber，1996）。

与最初美国的以专家为主导的技术评估不同，欧洲的技术评估发展出了一套由公众进行估评的独立机制。根据参与公众的性质不同，由公众进行的技术评估大致有两种：一种是由与评估对象没有利益关系的公众进行的评估，代表性的形式是“共识会议”和“公众陪审”；另一种是由与评估对象直接存在利益关系的当地居民、官员和企业来进行的评估，代表性的形式有方案研讨会（scenario workshop）、未来研究（future research）等。

“科学商店”（Science Shop，SS）是指针对科学技术相关的社会问题，站在公众的立场上向公众提供专业性的科学援助的机构。最初起源于20世纪70年代荷兰的学生运动，运动主要针对科学界“为科学而科学”的“学院科学”模式和被市场支配的“产业化科学”模式进行批判。“科学商店”就是在这一背景下诞生的。到了20世纪80年代，荷兰所有的大学都设立了“科学商店”机构，这种趋势也逐渐影响到欧洲和澳洲其他国家，丹麦、法国、德国和澳大利亚等国的大学都相继设立了“科学商店”。

5.1.1.3 美国：从“外展活动”到“媒体的科学传播”

“外展活动”（Outreach）是指前沿科学研究机构面对公众的展示和服务活动，产生于美国冷战结束后的社会背景下。随着1990年冷战结束，科学在保障国家安全的名义下所具有的正当性大大减弱，美国国内对科学的态度发生了变化，人们更多要求科学能够带来直接的利益。可以说，在某种程度上，“外展活动”是科学界为得到公众支持而进行的一种公关策略。

1997年，美国宇航局开始了“面向教育和公众的外展活动计划”（Education and Public Outreach Program，EPOP）。作为面向学校教育的活动，有分别针对教师和学生的教育活动以及专门教材的提供；作为面对社会的非正规教育的活动，有在科学馆、天象馆展开的活动以及“科学秀”活动；另外，还有面向一般公众的演讲和网上宣传活动。除研究机构外，美国的大学也鼓励学生参与“外展活动”。例如麻省理工学院以1988年设立的公众服务中心为基地，推进“外展活动”。通过对大学周边地区的社区服务，丰富教育经验及学生的人生经验（MIT，2008a，2008b）。美国科学共同体内部，也有一套鼓励科学家参与“外展活动”的机制。美国科学振兴会除了协会自己组织的各种科学普及活动外，还于1987年设立了“公众理解科学技术奖”，表彰为科学传播作出贡献的科学家。

近年来，在美国，大众媒体中的科学部门和研究部门等担任与科学相关的信息报道的机构，为取得职业化地位，也展开了丰富的活动。向这些机构输送科学传播人才的教育机构也作出了一系列卓有成效的努力。

在美国，许多大学都设有培养科学传播人才的教育计划，并面向科学新闻专业的学生设立丰富的奖励机制。为科学新闻专业的学生提供受教育机会的场所不仅仅是报纸、杂志、电视等大众媒体，还扩展到了大学和研究机构的宣传部门（藤垣裕子等，2008）。

另外，美国还设有针对科学类的电视节目、电影制作和戏剧公演的基金。该基金对通过图书、广播、电视、戏剧、网络等渠道进行科学传播的活动提供资助和奖励（Eurek Alertl，2008）。

5.1.1.4 日本：从“科学的市民运动”到“科学咖啡馆”

20 世纪 60 年代末至 20 世纪 70 年代，日本陆续发生了一系列公害事件，引起举世瞩目，引发了日本公众反科学情绪的高涨，也引发了日本国内由公众主导的“科学的市民运动”，包括“反公害运动”“反核运动”等。另外，以 1973 年的石油危机为发端，能源、环境问题也开始成为日本公众关注的话题。在这种背景下，作为公众参与科学技术的新形式，“技术评估”和“技术的公众接受”（Public Acceptance，PA）在日本发展起来了。

日本从 1971 年开始试行公众参与型的技术评估。相对欧洲，日本的技术评估并不着眼于对最前沿的新技术的评估，而是在整个社会对资源、能源问题以及地区开发带来的环境问题高度关注的背景下，广泛开展环境评估。

“技术的公众接受”原本是强调公众和政府之间就争议性问题双向传播的一种政策性概念。在日本，“技术的公众接受”是指针对核电在公众中的信任危机，以政府为主导进行的一种以提高核电在公众中的被接受程度为目的的活动。

进入 20 世纪 90 年代后，日本的“反核运动”有了进一步发展。在 1996 年“文殊”核反应堆钠泄漏事故①的影响下，核能政策圆桌会议、国会报告的公众评议制度等公众参与的手段建立起来了。

整个 20 世纪 90 年代，借助“反核运动”，日本公众参与科技决策得

---

① “文殊”的高速核反应堆位于首都东京以西 350 千米处的敦贺，曾是日本利用核能的标志性机构。1995 年年底，该反应堆发生了严重的钠泄漏事故，随即被日本政府关闭。

到了多样化的发展，除圆桌会议、公众评议以外，还有国民投票、居民投票、听证会等形式。1998 年，由欧洲的“公众参与型技术评估”发展而来的“共识会议”开始引入日本并得以实施。经过 1998 年、2000 年两次试行性“共识会议”，目前日本的“共识会议”已经进入实质性发展阶段，有些“共识会议”的结果即公众提案已经直接反映到政府的科技决策中。

进入 21 世纪，特别是 2005 年以来，日本科学传播发展的一个新动向是“科学咖啡馆”的引入和兴盛。与“共识会议”主要针对围绕科学技术引起的政策、法律、伦理问题不同，“科学咖啡馆”更多涉及与经济、文化、日常生活相关的科学技术问题，相比之下，“科学咖啡馆”无疑更加自由、轻松，也更加具有地方性和更加平民化（中村征树，2008）。

5.1.1.5　中国：从“朴素的传统科普”到“有反思的科学文化传播”

我国是非常注重传统科普的国家，新中国成立以来，由政府主导的自上而下的科普活动在科学启蒙、技术推广等方面取得了显赫成绩。近年来，在国际科学传播发展的大趋势下，同时在 STS 领域的研究成果引起的科学观的深刻变化的影响下，国内一些学者开始反思我国的传统科普，指出传统科普是基于“科学主义”立场的，以这种立场普及科学，存在诸多问题和局限。为区别传统科普，他们引入了“科学传播”这一概念，并将其特征定位为：

第一，由科学普及的单向传播过程，走向双向互动过程。

第二，把科学传播活动定位于一种文化建设活动。

第三，科学传播是科学与人文交互融合的过程（吴国盛，2001）。

概念变化的背后，是科学观的变革。“科学传播”概念的提倡者们主张吸收 STS 领域的前沿研究成果，强调对传统的客观、中立的一元科学观的反思和批判，主张建立多元化的科学观。他们认为，相比传统科普是代表政府和科学家立场的，科学传播代表的是公众的利益以及公众的立场。这些学者大多来自 STS 领域，拥有科学史、科学哲学、科学社会学等学科背景，虽然观点有所不同，但他们共同强调对传统科学观的反思，强调科学的人文价值，强调将科学视作一种文化。他们所提倡的有反思意识的科学传播被称为“科学文化传播”。

2008 年 11 月，在一些学者、研究机构和民间团体的推动下，由中国科学院战略研究中心、中国科学院科技伦理研究中心、中国科学院科技政策与管理学研究所等机构主办，在北京召开了以“转基因食品”为议题的第一次试行性“共识会议”，这是国内新型科学传播实践活动的标志性事件之一，它促进了国内新型科学传播实践活动的发展（李真真，2009）。

5.1.2 科学史对科学传播的介入和影响

在科学传播实践发展的过程中，来自 STS 的影响从未间断。其中，科学史以其史学的研究视角，对科学传播的理论和实践活动产生了独特的影响。从科学史的研究内容对科学传播的影响来看：首先，科学史的发展趋势使得公众和科学在社会中的传播问题日益成为科学史关注的对象；其次，科学史研究模式的变化，对宏大叙事的超越，对具体事件的关注以及人物传记等研究热点，为科学传播领域内公众心目中科学和科学家形象的建立和重构提供了丰富的资源；最后，科学史从历史的角度对当代争议性科学技术问题以及日常生活技术的关注，为科学传播的新实践形式提供了内容借鉴。

从科学史的研究立场对科学传播的影响来看：首先，新编史学纲领的兴起，引起了科学观的革命，改变了人们对科学本身的传统认识，从而带来科学传播理论和观念的变化；其次，这种理论和观念的变化也改变了科学家和公众在科学传播中的角色和地位，改变了公众与科学的关系。除了研究内容和研究立场两个方面的影响，更直接的影响是，科学史研究者组织和参与了大量新型科学传播实践活动，他们将科学史的研究视角和研究成果带入科学传播领域，推动了科学传播政策的转变，促进了科学传播实践活动的发展。以下分别从这几个方面考察科学史对新型科学传播活动的影响。

5.2 科学史的研究内容对科学传播的影响

5.2.1 科学史的发展趋势对科学传播的影响

5.2.1.1 外史研究的兴盛致使科学传播问题成为科学史的研究对象

20 世纪 30 年代和 40 年代，因为赫森（Hessen）和默顿（Merton）等人的有关“科学的社会史”的工作，外史研究在科学史界开始引起人们的注意。20 世纪 60 年代后期到 20 世纪 70 年代初，外史研究打破了由 P · 坦纳里（P. Tannery）和迪昂开创、并由 A · 柯瓦雷（A. Koyré）发展到顶峰的观念论的研究纲领在科学史界占统治地位的局面，开始产生较强烈的影响。“这与科学哲学中历史学派的出现不无关系。自 20 世纪 80 年代以来，随着科学知识社会学的发展，对科学的社会学分析开始兴起，其中，不但科学的形成过程和形式，连科学的内容也被纳入社会学分析的范围。在科学知识社会学看来，科学知识的内容是社会建构的产物，科学的发展受到各种外在因素的影响，科学既是一种知识现象，更是一种社会和文化现象”（章梅芳，2006）。

随着科学知识社会学的兴起，以及建构主义、女性主义、人类学等文化思潮的影响，在科学史研究中，对科学知识内容本身进行社会史的考察日益成为一种趋势。这在一定意义上意味着传统的“内史”与“外史”的划分被消解，因为连科学知识的内容本身都是社会建构的产物，独立于社会因素影响之外的、纯粹的科学“内史”便不复存在；原来被认为是“内史”的内容实际上也受到了社会因素无孔不入的影响，从而，“内史”与“外史”的界限相应地也就被消解了。这使得传统的“外史”研究逐渐在另外一种意义上得到进一步的深化和发展，开始成为西方科学史研究的主流（刘兵等，2006）。

科学传播研究的兴起同科学史的这一发展趋势相契合。从研究视野的角度看，外史研究把科学置于更复杂的社会背景中，将科学理解为社会的一个子文化建制，将科学知识视为这一建制在社会中运作时输出的产品，把科学家群体视为一个更大文化范围中的社会集团，关注社会、文化、政治、经济、宗教、意识形态等外部因素对科学的影响。在这种视野下，科学在社会中的运行与传播，科学、科学家集团与公众的关系问题无疑直接成为科学史的重要关注对象之一。从科学观的角度来看，如前所述，外史研究中对科学知识内容的社会史考察，开始关注科学及科学知识的社会建构性和与境性。例如在建构主义科学史研究中，夏平（2008）等人通过“利维坦与空气泵”的历史案例分析，对科学知识的客观性和普遍性形成了挑战，对以实证主义科学观为根基的传统科学史研究形成了冲击，科学知识的建构性和与境性在科学史研究中日益获得了合法性地位。在这一背景下，传统科技决策机制中专家主导权地位的建立、公众以地方性知识对专业知识和专家集团形成的冲击、公众参与科技决策的可能性与必要性等问题，也成为科学史研究关注乃至直接考察的对象。

5.2.1.2 科学史的综合研究趋势将公众纳入考察范围

除了“内史”和“外史”的划分，“专业史”和“综合史”的划分也是科学史中重要的编史学主题之一。传统的专业史研究往往隐含着这样一种科学观和科学史观：科学发展和成熟的标志是专业化程度的高低，而专业化程度的高低又是以专业学科的产生、专业领域科学共同体的形成、正规研究机构的建立、研究刊物的发行等为标志。以往科学史研究者对科学史学科本身的发展历史进行分析时，也大抵是按照这条线索来研究的。基于这样一种科学观，专业化程度的不断提高便成为传统专业史研究的主要编史原则；根据这一编史原则，专业史研究的主要内容主要集中在以科学机构、科学共同体、科学刊物为标志的学科发展上，那些不以科学机构为依托、在私人领域进行的科学研究便不被关注（章梅芳，2006）。

从科学史和社会学研究来看，各门自然科学专业化程度的提高过程，恰恰是公众逐渐在科学领域被边缘化的过程。19 世纪末以来，科学开始从业余的、以家庭为基本背景的、以私人赞助为主的那种传统中脱离出来，成为某种与家庭和私人化相对立的范畴。20 世纪的科学则实现了完全的专业化，进入“大科学”时代。文森特（Vincent，2001）分析了科学和公众的分离。在古希腊，作为公众的意见（doxa）和科学（episteme）具有同等的价值。直到 18 世纪，在“公众意见”出现的同时世俗科学的传统仍然维系着；19 世纪科学专业化发展加剧了科学从公众中的分离；而真正将公众视为无知者从而贬低公众意见，是 20 世纪中叶以后的事。

以专业化程度的不断提高作为基本编史线索的专业史研究，自然将作为外行的公众在科学发展中的地位和影响排除在科学领域和自身的考察对象之外。20 世纪 80 年代以来，这种科学史研究观念开始受到来自一般史和文化史研究观念的挑战，综合史研究越来越成为科学史研究的重要发展趋势。综合史研究将科学作为整体置于人类社会中考察，科学共同体之外的其他社会主体包括公众便重新进入了科学史研究的视野。与此同时，建构主义科学史和人类学进路的科学史研究对地方性知识、日常生活技术等内容的关注在某种程度上也有利于消解专业史的编史原则，体现了科学史研究的新取向。综合史的研究趋势使科学传播领域中的诸多理论问题成为科学史的研究对象之一，同时也直接为科学传播的发展提供了理论来源。

5.2.1.3 从宏大叙事到对具体人物、事件的关注为科学传播带来具体生动的科学和科学家形象

当代科学史研究的另一个重要趋势是从宏大叙事到对具体的事件、人物的关注。“伟大的作者、伟大的著作、伟大的发现这种模型已经逐渐式微”，研究的重点从“关注作者、作品和学说这些在我们当前科学观之下最重要的内容，转移到对构成过去科学之行为的全景式理解”。在这种转变的过程中，科学事件和科学作品的历史意义，科学实践者的意图，以及对科学工作的调整和接受等内容开始受到更多的关注（Jardine，2004）。

这在一定程度上，是科学史研究对哲学导向的自我反思，是对史学研究的一种回归，将寻求科学在全部历史时间上的普遍规律，转向关注具体历史事件和人物的特殊性。“历史研究是具体的、描述性的。它钻研细节，试图理解复杂的特殊性和复杂相关的个人与事件的特殊性……历史学家始于面对在科学传统、社会与智力背景、人际冲突、宗教和神学的考虑等当中实际上缠绕无隙的网络”（Burian，1977）。

20 世纪 60 年代、70 年代以来，科学史突破了过去的“以现代科学价值体系为主价值系统，并在此背景下展开科学史研究”的局面。“不再只以揭示科学技术知识的链条式进步以及这种进步与社会多元文化之间的关系为基本目标。它具有广阔的社会——文化价值取向背景，可以有着多元的价值取向。它可以是零知识增长情形下的科学史，是关于形形色色的人类科学技术活动的发生学、传播学、社会学与文化分析。它的受众并不只是科学家以及由科学史家、科学哲学家、科学社会学家等所组成的学者群体，从终极意义上讲，它的受众可以延伸到社会大众”（袁江洋，2007）。

国内科学编史学学者袁江洋（1996）在探讨科学史的发展方向时指出，“科学史研究应该抓住科学的‘特殊性’和‘个性’，应首先指向种种特定历史时空下、与特定历史人物联系在一起的充盈着种种特殊性的种

种科学及其运作过程”，“科学的最基本、最丰富的特性正是体现于生活中的每一位科学家的科学活动乃至于社会活动之中。只有当我们深入到个别科学家的整体行为之中的时候……才有可能将它们之间的内在连续性揭示出来”。

袁江洋（1997）进而指出，科学史的价值不仅仅在于揭示知识的成长历程，还在于对科学的主体即科学家及其活动的研究和刻画。“科学史家的首先责任是要对具体的人类科学活动以及与之相关的社会——文化现象进行历史理解。历史理解是生动而具体的，在理解一个具体的科学人物、事件与过程时是这样，在探讨人类科学活动的深层结构及其历史历史变迁时亦是如此。”

在科学史的这种发展趋势下，对科学家人物传记的研究成为国内外科学史研究中的一个热点问题。比起传统的“礼赞”式的科学家传记，近年来的科学家传记研究在两个方面有所突破。

第一，对建功卓著的经典科学家的传记研究，突破了以往“高”“大”“全”的英雄人物的神话，开始关注他们人性的一面，非理性非科学的一面，以此为科学注入一种人文主义精神；更进一步地，站在STS前沿研究成果的基础上，以历史学家的视角，对历史上伟大的科学人物进行批判式的解读，从而带来对科学观的反思和对科学本质的思考。近年来对爱因斯坦、居里夫人等经典科学家的再研究，就体现了这种突破。

第二，由以往集中关注伟大科学家，转向对普通科学家的关注。普通科学家在科学研究中表现出来的智慧、理性和非理性、非逻辑，他们的严谨、对客观性的追求和他们的争论、协商、妥协，这些内容比伟大科学家的英雄事迹，更能展现出科学在社会中运作的实情，更贴近科学的本来面貌，更利于帮助公众理解科学活动和科学的本质。

科学史从宏大叙事向关注具体事件、具体人物的这一转向，使科学史的研究更加微观、具体、人性化。这些研究视角下的研究成果，刻画出了生动具体的科学和科学家形象，同时比起一般的科普读物，科学史的研究成果因其学术性和专业性，更具严谨性，也有更丰富的营养。这些研究成果能够为公众心目中科学及科学家形象的形成和重建提供优质的资源。

5.2.2 科学史的关注对象为科学传播提供内容资源

5.2.2.1 争议性问题与政治利益的进入

齐曼的“后学院科学”概念提出以来，人们越来越意识到在“大科学”时代，学院式的纯粹科学研究几乎已不可能。当代科学技术的发展，不可避免地受到政治因素的影响。同时，科学技术作为具有高度专业性的知识体系，也在政治决策中被赋予某种权威性，从而影响着政治，也由此为自身带来许多争议。科学家面临着因为科学和政治的边界被模糊而造成的信任危机，对此的回应是呼吁更多地参与和对话。

一旦科学知识对政治产生了影响，公众就可以通过政治参与形成自己特有的质疑方式。对科学权威的怀疑是公众对科学极度依赖后产生的一个矛盾的结果。科学家作为一个群体赢得了社会的尊重，但是享受威望的科学家一旦站在证人的立场上，他们的可信度就会大大降低。科学家的专业知识被视为可以为重要的政治、法律问题作证，但是这种专业知识也会认为是可以随时租赁、购买的东西。科学可以被利益所塑造，已经成为在这个充满了争议的时代，公众对科学本能的理解中不可缺少的一部分，以往认为存在无偏见科学权威的信仰已经日渐消失。

无论对于科学家，还是对于公众来说，对科学的理解都不是建立在真空之中，政治和法律的传统，文化和国家的特性，权力的话语和实践，所有这些都影响着人们质询身边世界的方式。在任何现代政体中，这些基本问题不仅影响着科学研究的发展方向，同时也影响着科学和社会的日常互动中的建制性和政治性因素（希拉·贾撒诺夫，2006）。

随着时代的变化和科学史研究内容的拓展和转向，当代争议性科学技术问题也进入了科学史的研究范畴。科学史从历史的维度对这些科学技术的发展进行考察，其研究成果能够直接为新型科学传播提供内容来源。例如，在关于“转基因食品”的“共识会议”中，在专家向公众进行背景知识介绍阶段，就有直接来自科学史对转基因技术发展的研究成果。这些研究成果中体现出科学史家特有的科学观和科学史观，他们将通过具体的历史案例研究，传达给公众。也就是说，科学史研究内容中这些新的关注主题能够通过成为科学传播中的讨论议题而影响公众。

5.2.2.2 对日常生活技术和物质文化的关注

科学史研究关注点的另一个突出变化是对日常科学技术和物质文化的研究。“以往的技术史研究主要关注技术史上的重大发明创造，而较少注意那些不起眼却发挥着重要作用的日常生活中的技术。近些年来，技术史家越来越多地探讨处于边缘位置的日常技术，并从社会、文化视角对其加以考察，引入了人类学和社会学的方法。”（张柏春，2005）

在人类学和社会学视角和方法的影响下，科学技术史的研究主题已经渗透到社会的方方面面。除了影响公共政策的涉及政治利益的争议性前沿技术问题，与文化、健康、饮食、休闲、娱乐等丰富多彩的个人生活有关的日常技术，也得到越来越多的关注。与此同时，随着科学日渐商业化，公众作为科学的消费者的角色日益凸显，科学传播领域近年来也开始关注日常技术和物质文化，典型的代表是近年来在许多国家流行的“科学咖啡馆”。

咖啡馆成为一种重要的对话场所和形式，最早起源于法国哲学界。1992 年，法国哲学家马克·索特（Marc Sautet）提出“让哲学从大学走到公众中”的理念，发起了“哲学咖啡馆”运动。英国人邓肯·达拉斯（Duncan Dallas）将这一概念移植到科学领域，提出“科学咖啡馆”的概念，并于 1998 年在英国利兹首次发起了“科学咖啡馆”活动，其目的是制造一种讨论科学的文化氛围。当时的欧洲正有这样一种趋势：通过对话和讨论在科学与社会之间建立纽带，各种新的形式开始萌芽。紧接着，诺丁汉、牛津、纽卡斯尔等城市也纷纷办起了“科学咖啡馆”，同一时期，法国也开始举办“科学酒吧”和“科学咖啡馆”（邓肯·达拉斯，2006）。

“科学咖啡馆”就是在像咖啡馆那样轻松的环境和气氛中，一边喝着咖啡或啤酒，一边就某个科学技术话题，由相关的专家和对这个话题感兴趣的普通人，在平等的关系下，近距离、面对面地直接对话、讨论、交换意见的一种公众参与科学的形式。“科学咖啡馆”区别于以往那种一对多的演讲式场所和形式，是一种按照外行的思路和线索进行专家和公众之间互动交流的形式。

“科学咖啡馆”的议题主要是与日常生活密切相关的科学技术问题，

例如气候问题、饮食健康问题等。如果说“共识会议”更多地与政治、民主、权益联系在一起，那么“科学咖啡馆”则更多地将科学视为一种文化，更多地与市民、消费者、用户联系在一起。与此相类似，近年来国内外科学传播研究中逐渐兴起的“公众科学”“生活科学”，都是注重科学的“文化性”“地方性”“亲和性”，这也是科学传播在新时代的一个重要的发展趋势。

值得注意的是，近年来国内出版界陆续翻译出版了一系列带有文化研究意味的与日常生活相关的技术史研究和普及读物，例如“制糖的历史”“制盐的历史”“马桶的历史”等。另外，近年来国内兴起的一个科学传播公益团体——科学松鼠会，也体现出了这样一种趋势。科学松鼠会的宗旨是“把科学坚果外层的硬壳剥掉，把味美的果肉献给大众”。科学松鼠会针对社会热点问题和公众关心的问题，提供专业知识服务，并如其名字所蕴含的意义一样，力求科学的通俗化、平民化。

在这种趋势下，科学技术史对日常技术的关注带来的研究成果，可以为科学传播提供丰富优质的内容来源。

5.3 科学史的研究立场对科学传播的影响

5.3.1 科学史的新编史学纲领对科学传播的影响

20 世纪 70 年代以来，后现代主义思潮逐渐在历史研究领域产生深刻影响。这一思潮强调对传统史学“宏大叙事”、历史发展进步论、西方社会中心论等历史叙述框架和叙述线索的反思。在这一思潮的影响下，传统史学的“科学性”“客观性”被不同程度否定，历史研究的性质和意义被重新定义。正如有学者所言，后现代主义史学对西方史学的影响主要表现在史学思想上，它既指对客观历史发展进程的认识，通常表现为历史观；也指对历史学自身的认识，通常称之为史学理论（张广智，2000）。例如，在后现代主义看来，不是存在一种历史，而是有多重的历史；历史不是一个连续的过程，而是多层面的。尽管在科学知识社会学、人类学、修辞学和女性主义思潮的内部，各个流派在很多问题上的观点和立场存在诸多差异，而且他们中的一部分学者还往往反对将自身纳入后现代主义者的范畴，但在宽泛意义上当这些思潮进入历史研究领域之后，仍在不同程度上体现出后现代主义史学的上述共性。例如，建构主义强调科学的建构性，在此科学观下，科学的历史不再一定是进步的历史，“宏大叙事”遭遇挑战。在人类学和女性主义对科学知识地方性和多样性的强调中，在修辞学对科学知识的与境性的强调中，“宏大叙事”、精英历史以及西方中心主义受到了谴责。

随着科学史的研究内容对科学传播领域的介入和影响，这些新的编史学纲领也进入了科学传播领域，并直接影响了科学传播理论和观念的变化。

建构主义科学史抛弃了传统的实证主义科学观，主张科学知识的建构性，强调从微观角度出发，通过案例研究，揭示社会因素对科学的建构及其过程的影响。它同传统的默顿科学社会学向度的科学史研究最主要的区别在于，它进一步将科学知识的内容纳入社会学分析的范畴。在科学知识社会学看来，科学知识并非由科学家“发现”的客观事实组成，科学知识不是对外在自然界的客观反映和合理表达，而是科学家在实验室里制造出来的局域知识。通过各种修辞学手段，人们将这种局域知识说成是普遍真理。科学知识实际上负载了科学家的认识和社会利益，科学知识往往是由特定的社会因素塑造出来的。科学知识与其他任何知识一样，也是社会建构的产物（赵万里，2002）。这一区别直接反映在相关的科学史研究上，表现为对“内外史”的不同侧重和消解（刘兵等，2006）。与此同时，它也意味着对关于科学史客观性等问题的传统观念的挑战，科学史研究不再仅仅是史料的搜集和记录，也不再是对历史事实的简单反映和转述，而是对历史记忆的再诠释和再建构。

“女性主义科学史以恢复被传统科学史研究所忽略的女性‘他者’在科学历史上的地位为目标和己任；以批判和反思科学及其相关规范、制度等对妇女的限制和歧视，以及社会性别意识形态对科学的不断建构为研究主题和本体；强调以社会性别作为基本的分析视角和分析维度；并以对科学进行社会文化史角度的解析为主要的研究取向；坚持性别和科学的社会文化建构观念，批判理性主义、科学主义的科学观，以及进步主义的科学史观”（章梅芳，2006）。

“人类学进路的科学史用文化相对主义的视角看待科学，把科学看作地方性知识，突破了科学技术的‘标准观念’，扩展了科学技术的概念，从而带来了科学研究领域的变化和发展，包括如何重新定义科学、技术，并突破以现代西方科学技术观念为标准来决定科学技术史研究领域。科学史研究者在借鉴人类学成果的基础上，形成了新的研究范式，体现了对‘他者’的关怀，突破了一元的、普适的科学概念，使科学研究呈现出一种丰富且更加接近真实的图景。”（卢卫红，2007）作为人类学最为核心的“地方性知识”概念和“文化相对主义”立场，对于科学史研究的影响最为深刻。它意味着，为非西方、非精英、非主流的地方性知识传统研究提供了理论的合法性和实践的可操作性。

“修辞学进路的科学史着重于探讨从文本中体现出来的一种科学观点在研究、交流、发表、传播等一系列过程中为了得到受众的认同而进行的修辞行为。从这一视角的解读中改变了传统的宏大叙事模式，也改变了科学研究过程的简单线性模式，增加了对于科学从修辞中体现出来的各种社会因素对科学建制、科学文本书写方式、科学知识等方面的塑形作用，使科学史更加贴近科学实践。修辞学进路的科学史表明，科学语言并不是一种异于其他文化或者日常生活中的语言，它作为一种话语形态，同样也存在着话语的主体、受众和情境，同样也包含着各种修辞行为，并且修辞是不可避免地内在于科学话语之中的；科学知识也不能脱离作为其表述载体的科学话语而存在，即使是最抽象的数学表征公式同样也是在某种对于研究对象的特定理解中产生的话语，脱离了理解框架它们就无法成立。也因为如此，修辞也以语言的形式内在于科学知识产生、辩护的整个过程中，它象征着科学知识中各种社会因素的塑形作用。科学应当被看作是科学共同体进行的一种文化活动，是对于自然界的某一种认识方式和说明方式。”（谭笑，2008）

这些新的编史学纲领下的科学史研究除了为科学传播带来科学观和科学传播观的突破和变革以外，也为科学传播领域带来了新的分析视角和分析方法。例如，女性主义科学史将性别的社会建构因素带入科学传播领域，直接影响了科学传播与性别的研究；人类学进路的科学史强调的与境性为科学传播理论模型的变迁特别是与境模型的提出提供了理论来源；修辞学进路的科学史为科学传播中的文本分析特别是隐喻研究提供了理论借鉴。

总体而言，这些新的编史学纲领的建立，带来了对传统一元科学观的批判和反思，也促进了新的多元科学观的倡导和确立。同时，这些新的编史学纲领还带来了新的研究视角和分析方法。多元科学观与新的视角和方法一道，为科学传播理论突破原有的单一的“线性模型”和“缺失模型”，在更加开放、平等、互动的意义上进行科学传播实践，提供了丰富的理论支持和实践手段。

5.3.2 科学史对科学传播理论模型的影响

5.3.2.1 对“缺失模型”的颠覆

“缺失模型”的内在逻辑是将公众视为媒体信息的闭塞、被动的消费者。信息（主要是指科学知识）的缺乏被认为是最需要解决的问题，这也是科学素养研究的关注焦点所在。“缺失模型”的基本研究路径是把公众看成“问题”，并且寄希望于通过改良媒体报道来寻求“解决”。在这种路径下，有一个重要的要素被忽略了，即对科学本身的考虑。“科学是本质上客观的、理性的、崇高的事业，科学传播的计划就是应该在公众的理解中肯定这一点”（Dornan，1989）。事实上，这种对科学与公众关系的认识方式本身就带有意识形态和政治意味。通过强调科学的客观和理性以及公众的缺失，使得科学在维持公众的支持的同时，也维持了自身的独立性、完备性和权威性，以此来捍卫科学与外行公众的界限。正如西蒙·洛克（Simon Locke，1999）指出的：“实现这一点的方式就是，强调公众知识的贫乏状态，以及公众对职业专家的依赖。因此对公众理解的关注周期性地复苏，其特有的语言意在‘评估’公众的知识缺乏，并予以‘改进’。这种缺失的‘发现’因此证实了专家对其专门知识的信心，以及支持提高公众知识水准的呼吁……‘缺失模型’很容易被确认为具有职业意识形态的修辞风格，是以民主化的语言掩盖力量的不平衡；科学公民身份得以获取的代价是，以职业科学家可以接受的方式来表达知识——这是我们的方式，或者根本就不是。因此相互对立的知识声明和知识基础被拒斥，被看作不过是‘反科学的’……”

斯蒂芬·希尔加特纳（Stephen Hilgartner，1990）分析了科学共同体如何通过“缺失模型”的预设来获得和巩固自身的政治权力。他指出，尽管主流观点极大地简化了科学传播的过程，但它对于科学家而言在政治上是相当有效的。它通过为边界勘定工作提供词汇，把“真正”的知识从“被普及的知识”那里区分开；把“真正的”科学从“被普及的科学”那里区分开。它帮助维系了“关于真正的、客观的，得到科学确证的知识”的理想化，并将这种“理想化”的知识作为科学家所独占的禁区，是公众无法接近的领域。科学家因此被赋予了一种权力，确定哪些普及是“恰当”的，哪些是“歪曲”的，这使得他们可以把科学权威赋予他们自己对科学的表达。而对科学共同体外的表达进行怀疑。结果，这种主流观点成了科学家有效的政治工具，用以维护科学家的权威，反对外来者的挑战。

由此可以看出，在科学传播领域，科学的客观性、普遍性，使得科学拥有了在共识建构中的绝对主导权的合法性；而科学的独立性、完备性和权威性使得科学家获得了政治权力。

如前所述，库恩以来，在历史主义科学史观影响下的科学史研究，以及建构主义、女性主义、人类学、修辞学等后现代编史学纲领的科学史研究，通过大量的案例研究，对科学的绝对客观性和普遍性发起了挑战。这些研究甚至在一定程度上消解了科学的客观性和普遍性，从根本上瓦解了科学在共识建构中占绝对主导权的合法性，也消解了科学共同体在科学传播中的先验的权威地位。

5.3.2.2 对“对话模型”的质疑

“缺失模型”自提出以来，不断遭到来自科学传播理论界内部和 STS 领域的强烈批判。“缺失模型”的缺陷现在已经成为科学传播理论常识中的一部分，对“缺失模型”的批判甚至构成了讨论科学传播理论模型的一个基础。

针对“缺失模型”中的“线性传播模型”，有多位学者提出了改进方案，彼得·布洛克斯对这些方案进行了总结（彼得·布洛克斯，2010）。

其中最具影响力的方案之一是斯蒂芬·希尔加特纳（1990）提出的“河流模型”。斯蒂芬·希尔加特纳认为，在科学传播当中，并不是只有科学和非科学两个范畴，而是存在连续谱系的知识和科学背景，呈现出“河流”的图景。“上游”包括实验室的工作讨论、会议或技术研讨，“下游”是教科书和小报。而“普及”是个程度问题，真正的科学与被普及的科学之间的界限可以画在很多地方，这取决于采用什么标准。而且，这些模糊性给“普及”带来了灵活性。

斯图尔特·霍尔（Stuart Hall，1980）提出了“环路模型”。斯图尔特·霍尔将对公众的传播视之为信息的加密和解密，传播环路把加密、解码的各个环节连接了起来，每个环节都有可能对信息进行不同的解释。在“环路模型”中，传播不是信息从发送者流向接受者，而是一个具有意义构建机制的反馈系统。

布鲁斯·列文斯坦（Bruce Lewenstein，1995a）使用网络类比来分析科学信息的传播。在布鲁斯·列文斯坦的网络中，记者招待会、实验室的报告、新闻项目、电子邮件、赞助议案、政策文件和讨论会都相互联系在一起，并且互相渗透。信息从所有的节点流向所有的方向，而不是简单地经由媒体传播到公众那里。

迈克·迈克尔（Mike Michael，2002）的观点是把科学传播看作“根茎”，这是一个多方向的模型。“根茎”是个树根系统，可以向各个方向扩散，可以在任何一个节点上与任何一个树根连接，被砍了之后还会再生。迈克·迈克尔指出，这个比喻是为了强调“在专家与公众、专业的与外行的、事实与虚构之间没有简单的区别”。

“河流”“环路”“网络”“根茎”，这些模型都试图挣脱科学家和公众之间单向的线性关系。它们有一个共同的认识，在科学传播中，公众是一个主动性的重要角色。“缺失模型”之后的科学传播研究，有一个明确的趋势，就是对科学家和公众之间“对话”的强烈呼吁。2000年，英国上议院科学技术特别委员会的报告《科学与社会》当中就“充满了对对话、讨论和争论的呼吁”（Miller，2001）。作为回应，皇家学会的《社会项目中的科学》（Science in Society Programme）设立了这些目标（Royal Society，2004a）：

（1）发展出广泛的、创新性的、有效的社会对话体系；

（2）让社会更为积极地影响科学事务政策，并承担此间责任；

（3）在决策上采纳开放的文化；

（4）把公众的价值和态度考虑在内；

（5）赋予社会促进国家科学政策的能力。

以英国2000年以来的“政策转型”为代表，在全世界范围内，“对话”已经成为整个科学传播界最重要的概念之一。“公众参与科学技术”取代了“公众理解科学”，成为关注的焦点。在各国的科学传播实践活动中，可以看到很多公众参与科学技术的尝试，既有自上而下的，包括“共识会议”“公民陪审团”“科学商店”；也有自下而上的，比如来自不同兴趣小组的外行专家、绿色和平组织或其他公共团体的活动。在有些国家，公众的参与已经对科技公共政策产生了重要影响。

在另一视角下，詹姆斯·威尔斯顿（James Wilsdon）和丽贝卡·威利斯（Rebecca Willis，2004）提出了这样的质疑：这种对话是否在一定程度上掩盖了科学共同体让公众参与的真正目的？是不是“公众理解科学”被伪装成了“公众参与科学技术”？如果仅仅将公众的参与处理成官僚政治进程的一个环节，那么这种参与实际上可能被用来结束争论。即使公众恰当地进入了参与进程，所能参与协商的也常常是作为讨论对象的技术是否安全，而非它是否必要。而更为根本的问题是，关于一项新技术，谁拥有它？谁从中得到了利益？它将被用于什么目的？科学价值、未来展望和既得利益这些科学体制内的深层问题往往还是没有被触及。

以往对“缺失模型”一个集中的批判是，没有把信息的发送者和接受者之间的关系考虑在内。彼得·布洛克斯（2010）指出，“对话模型”实际上也存在同样的危险。在对话中，看似科学家和公众都拥有发言权，但是这种表面的平等可能正好掩盖了权力的真正不平等。在今天的时代，科学已经建立了巨大的权威，对话并不能触动这种权威。公众参与科学的任何成功都是因为公众已经学会了用科学本身的话语方式来参与科学。归根结底，“公众参与科学技术”是让公众参与科学，而不是让科学参与公众。

除了权力的不对称，在对话中，科学家和公众之间还存在着一种更重要的不对称。科学家作为科学的代言人，拥有“事实”，而公众只拥有

"意见"。如前所述，文森特（Vincent，2001）在科学传播的历史中分析了这种"事实"和"意见"的分离。在今天，"科学"与"意见"分离得很彻底，以至需要用"对话"把二者结合起来。文森特（2001）提出，现在应该重新来评价意见，"让意见（doxa）的古义复活，成为一种在决策领域中比科学更为切题的特定通俗知识"。

彼得·布洛克斯（2010）提出了另一方式来处理科学家和公众之间的不对称，不是赋予意见以新的价值，而是认识到双方都既拥有知识也拥有意见，特别是要认识到科学共同体内部也存在不同的意见和争议。彼得·布洛克斯指出："在科学实践内部，不同的科学家会采取不同的立场。甚至可以说，这是科学实践的根本特征。"科学是建立在共识基础之上的，但科学实践本身却是由异议所推动的。库恩范式理论中的范式更迭，波普尔的证伪理论，特别是 SSK 以来关于"科学争论"的讨论，都说明了异议在科学发展中的重要作用。彼得·布洛克斯认为在科学传播领域强调这一点尤为重要。首先，科学争论把科学意见带入了公众领域；其次，科学家有时会直接诉诸公众来试图解决或赢得科学内部的争论（Bucchi，1998）；最后，因为科学的大众化正是知识的未决之处，而同时科学仍处于构建之中，因此科学的大众化可能是引起公众最大兴趣的地方。如果处理得当，在科学系统的"上游"推动争论能够让这些开放的领域进一步显露出来。争论和不确定一直被认为应该控制在科学共同体内部，不应该暴露于公众面前。同样，如果我们认识到科学家也具有意见，我们就应该认识到公众也具有知识。"缺失模型"之后的科学传播研究中，"外行专家"这一概念已经被反复提出，那么有没有其他形式的外行知识？更为重要的是，"专家"到底意味着什么？

赋予外行知识以价值，不应该以贬低专业知识的价值为代价，然而，外行知识的问题确实引发了有关专家本质的根本问题。科林斯和埃文斯（科林斯等，2002）认为，专门知识的概念应该扩展到把"以经验为基础的专家"包括进来。20 世纪 50 年代、60 年代科学研究的"第一次浪潮"接受了科学的权威，确立了科学共同体中的专门知识的地位。20 世纪 70 年代科学研究的"第二次浪潮"，借助于库恩的工作，强调知识的社会构造，因此模糊了科学专门知识和政治权力的区别。科林斯和埃文斯提出了科学研究的“第三次浪潮”，他们试图重新确立专家和非专家的区分，区分的标准是具有“专门知识”，而并非是否受到专业认可，具备必要的资格和证书。通过这种区分，那些没有得到专业认证的专家可以“以经验为基础的专家”的身份出现。这种意义上的“经验”，实际上就是“地方性知识”。科林斯和埃文斯在分析时也引用了布赖恩·温的关于“坎布里亚羊”的研究案例。在坎布里亚牧民与政府官员关于切尔诺贝利辐射污染的争论中，专业知识与“地方性知识”的对立十分明显，特别是“地方性知识”在专业知识无法达到的界阈中所起到的作用表现得尤其明显。

由上述分析可以看到，科学技术争议背后隐藏的科学体制的权力结构、对话中的话语体系、公众的意见和科学家的专业知识之间的对称关系，这些因素才真正影响着公众与科学的关系，以及公众在科技决策中的作用。而这些问题，仅仅通过表面上的对话和参与是无法解决的。

对这些深层问题的质疑、批判和试图寻求解决，需要来自科学史等科学元勘研究的理论支持。而科学史研究所带来的科学观，特别是后库恩时代的新编史学纲领下的科学史所带来的科学观的变化，能够为这些科学传播深层问题的揭示和解决提供理论资源。

5.3.2.3 “公众对科学技术的批判性理解”

仅仅通过“对话”和“参与”，并不能解决“缺失模型”的深层问题。如上所述，多位学者从不同的角度出发，对“对话”和“参与”进行了反思，并从不同视角出发，提出了重建科学与公众关系的新主张。这些主张可以概括为以下几点：

（1）多向的：科学不再被看作仅仅向下扩散，而是所有的节点在传播环路和网络中互相渗透和依赖。

（2）与境性的：关注的不仅是接受科学的与境，而且认识到，科学本身就像科学与公众的关系一样，也依赖于与境而存在。在这个意义上，科学是社会的、政治的和文化的，从而可以依次提出信任、权力和权威等方面的问题。

（3）扩展了专门知识的概念：外行与专家被重新定义，外行专家和拥有“地方性知识”的外行也被纳入专家的行列。此外，价值和意见作为一种特殊的知识，成了科学与公众的关系领域的重要议题。

（4）与意义相关：关注的焦点从信息内容转向了意义和意义的表达。也就是说，关注的焦点不再是思考的内容，而是思考的方式。

彼得·布洛克斯（2010）在总结了上述观点的基础上，提出了一个新的概念："公众对科学的批判性理解"（Critical Understanding of Science in Public，CUSP）。他指出，CUSP 关注的是与境、协商和互动。在这一框架内，CUSP 包括两层含义：

（1）对科学具有批判性理解的公众。

（2）对科学及其在公众领域所产生的相关意义的批判性理解。

以科普文本为例，CUSP 可以有这样几个解读的层次：

（1）原始科学内容。人们看到了什么？这个层次是首先被关注的，对此的批判性理解主要在于信息的数量、准确性和精确度。

（2）科学如何被构造。当人们在看待原始内容时，希望把它看作什么？这个层次考察的是语言、修辞和想象的使用。

（3）批判。它应该被看作什么？它意味着什么？又是如何获得这种意味的？在这个层次上的考察必须与更广阔的议题和争论联系起来。

"公众理解科学"视角下的问题常常被限制在第一个层次内。公众拥有多少信息？这些信息是准确的吗？公众在回答问题时给出了正确的信息吗？然而，公众的关注却最常发生在第三个层次——这对我来说意味着什么？我应该如何理解它？还有什么别的文化资源可以帮助我理解它？

对意义的关注有三个方面是与批判方式尤其相关的，它们是：意义得以产生的方式，科普如何成为意义被争论的场所，公众在科普的构造中所具有的积极作用。

审视科学与公众的相互作用，可以清楚地看到协调科学知识的意义与价值的复杂过程。社会背景和人们所处的关系网影响着他们获取科学知识的方式。人们不得不承认，科学依附着社会利益，而且会对已存在的关系、身份和价值体系产生影响。正如布赖恩·温所指出的："科学似乎不能认识到其公众形式所具有的社会意义，也不能认识到这样的事实：公众是否具有'理解'科学的意愿，从根本上取决于公众是否觉得自己能够认同科学的尚未明确的朦胧思想。"（布赖恩·温，1995）

可以看到，"公众对科学的批判性理解"，关注传播内容的意义，主张在更大的社会文化背景中去理解这种意义，并强调意义背后的价值与利益。其中涉及公众对科普文本的解读，也涉及公众在科学大众化的构造中的作用。对这些问题的质疑和思考，已经超出了科学传播理论的原有范畴，同样需要来自科学元勘的理论营养。科学史作为科学元勘中重要的起基础作用的一个学科，以其特有的研究视角和方式，能够为“公众对科学的批判性理解”提供历史维度的批判视野和由具体案例研究所体现出的对传统科学观的反思和突破。

5.3.3 科学史带来科学观的变化对公众角色的影响

在早期的科学传播研究中，关于“公众”有两个共同的基本假设：一是公众对科学一无所知；二是公众有了解科学的愿望。即公众是蒙昧无知的，并具有“天然的好奇心”。公众被看作天真的旁观者，他们不是学习或参与其中，而是为之着迷、兴奋，震撼。科学总是显得新奇别致、神妙难测、威力强大、前景广阔，人们接受的主要是科学作为社会角色、作为意象传达出来的那些部分，而不是具体的科学或技术信息。大量的科普读物、科学博物馆、展览会，其主要目的是传达这种赞美科学的情绪。例如，在科学周或科学节的科学展示中，在大众科学小说或科幻小说中，在博物馆的展览中，在科学电视节目和科学电影中，在科学戏剧中，科学都是神秘、独特和充满希望的。公众被明确地看作科学的崇拜者和消费者。

乌克里·费尔特（2006）将这一阶段公众与科学的关系总结为“线性模型”。在这一阶段，科学家被视为真正科学知识的生产者，媒介担当译码者的角色，把知识“解码”成通俗易懂的语言，以便向更多的公众传播。而公众只是被动的接受者，是几乎没有权力、整齐划一的群体。杜兰特（Durant，1989）也对“线性模型”进行了这样的描述：在依照传输的严格线性模式操作的探究方式中，科学家是信息来源，媒体是输送通道，公众是最终目的地。其目标在于减少媒体的干扰，以最大的保真度传输尽可能多的信息。

“线性模型”有一种内在的强烈的等级差异。它预先设定科学知识与日常知识有明显区别，由于其特有的理性而优越于普通的日常知识，并成为复杂的代名词，而公众所拥有的日常知识由于所谓的简单和感性而被忽视。在这一模型中，信息单向流动，即从知识的生产者流向知识的接受者。科学为公众设定了所要追求的基本标准，科学家作为公共领域的专家具有垄断地位。因而，科学与公众的关系不可避免地是不平衡、不平等的。科学传播被降格为“解码”的过程，因而大量理论方面的思考集中于：传播媒介及其在结构上的局限，以及语言对于科学知识的塑形与制约（迈诺尔夫·迪尔克斯，2006）。

科学史及 STS 其他学科对科学的批判性研究，促进了科学传播活动的发展。20 世纪 70 年代以后，在核问题、环境问题日益凸显的背景下，“技术评估”的思想发展起来，成为更系统和可控地处理科技发展及其政策的一种方式。这一时期的科学传播实践形式主要以“技术评估”和“技术的公众接受”为代表。这些形式虽然强调应与公众进行充分的沟通，并把公众的意见反映到科技政策当中，但从其沟通行为的主体和目的上来看，仍是处在政府的立场上，让公众被动接受科学技术及其给社会带来的影响。尽管公众被不同利益引导并开始呈现出多样化的形态，但除了少数例外，公众在整体上仍然是科学知识的接受者这种传统角色。科学传播的双向性更多流于形式化，并没有真正体现出公众的立场，没有代表公众的利益和要求。

进入 20 世纪 80 年代，面对社会认知和科学发展之间日益增长的张力，另外一些科学传播实践形式也被创造并发展起来，开始力图充当科学系统和公众领域之间的中介角色。例如前面提到的欧洲的“科学商店”等一些更加互动和开放的场合。但是，占主导地位的思想还是必须对公众进行科学教育。其中也隐含着这样一种假设：只有公众能够接受不断进步的科技语言以及新的产品和生产过程，科学技术才能在一种不受阻碍的情况下继续沿着既定的轨道发展。

从“二战”后到 20 世纪 80 年代初期，公众从无知的、对科学盲目崇拜的、单一的“线性模型”传播中的被动接受者，完成了向对科学技术怀有质疑和批判，并要求参与到与自身利益切实相关的核技术、环境技术等敏感性技术问题的决策当中去的评估者这样一种角色的转变。但是这种技术评估者的身份是相当有限的，在 20 世纪 70 年代、80 年代，科技决策仍是以专家和政府为主导的，吸收公众参与评估，更大的意图是政府为了缓解公众对科学技术的发展形成的阻力。在这一时期，公众总体上来说仍是科学知识的被动接受者，并没有真正参与到科技决策中去。

进入 20 世纪 90 年代，“疯牛病事件”、转基因食品的安全问题等一系列由科学技术引发的公共问题大大动摇了公众对来自政府的科学建议的信心。公众为以生物技术和信息技术为代表的科学技术领域的新发展所带来的风险和不确定性深感不安；同时，科学史及科学哲学、科学社会学等科学元勘的理论研究成果也日益进入科学传播领域和公众的视线，公众对科学、科学的历史和科学的本质的看法发生了一系列变化。这一时期，科学传播面对的首要任务是重建公众对科学的信任，协商、合作、对话和参与成为最重要的渠道。这一时期的科学传播理论认为，公众的参与应该从科学研究和技术开发的“上游”开始，也就是说，在新的科学技术开发之前就应吸纳公众的参与，倾听公众的意见，而不是仅仅在研究开发结束后，让公众对已经确定的事实作出反应。为此，需要更加具有互动性和开放性的做法，例如“圆桌会议”、公众评审团、协商民意测验、听证会、“共识会议”等。

公众角色这种转换，反映出不同的时代背景下，随着科学在社会中的形象、地位、作用和影响的变化，科学传播的理论和实践也在不断地变化之中。而后者的这种变化，一方面受到了来自科学元勘包括科学史的研究立场和研究成果的影响；另一方面，也需要寻求科学的元理论研究特别是对科学观的研究的理论支持。

5.3.4 科学史带来科学观的变化对科学家角色的影响

自库恩的历史主义科学史观诞生以来，人们越来越认识到科学研究不仅建立在理性探索的基础上，同时也需要科学家内部的协商和共识。后库恩时代的科学史研究成果，指出了科学家在“制造”科学的过程中，不仅有逻辑性的推理和思考，也有大量运用直觉、想象和或然性推理。科学探索不但需要充分发挥人类理性的作用，也需要人与人之间的协作。科学家需要通过有深度的学术互动来促发科学创造的灵感、传递信息；此外，科学家还必须与社会打交道，以寻求科学在社会中的生存与发展空间，以实现科学的社会价值与文化价值（袁江洋，2007）。

这些科学史的研究成果以及新编史学纲领的科学史研究带来的科学观的变革，改变了公众心目中以及社会中的科学家形象，改变了科学家在科技决策机制中的作用，从而也改变了科学家在科学传播领域中的定位。科学家开始以一种新的角色出现在科学传播实践中。

英国皇家学会在1985年的《公众理解科学》报告中，将促进公众理解科学作为科学家的义务。在各种措施的共同作用下，参与科学传播活动的科学家有增加的趋势。英国皇家学会2006年6月对科学家进行的调查显示，过去一年有74%的科学家以不同形式参与了科学传播活动，与1999—2000年相比，增加了14%。参与的活动包括研究机构向公众开放的活动、公开演讲、与科学政策决策者的交流、对学校和教师的协助、面向公众的科普性写作等。科学家们也提出了参加科学传播活动的障碍，即占用科学研究的时间和精力（英国皇家学会，2004）。

20世纪80年代，在欧洲兴起的“科学商店”活动中，科学家开始以“学习者”的姿态参加科学传播活动。对于参加“科学商店”活动的科学家而言，这是一种通过解决相关的地域、社会性问题，来扩展自身的研究视野和教学内容的重要机会。公众团体需要解决的问题，通常是包含社会科学等多学科领域的交叉性复杂问题，并且，公众团体的目的，并不仅仅是得到相关的科学知识和技能，而是要通过这些知识和技能的掌握，解决具体的社会问题。参加“科学商店”活动的教师和学生，需要通过与公众团体的沟通，将这些复杂的具体问题转化成与自身研究相关的专业性问题。在这一过程中，不仅积累了将自己的研究应用于解决实际问题的经验，也可以提高面对公众的沟通与传播能力。另外，也有助于加强大学与社会的联系，有助于调整和改善大学的教育内容和研究计划。

在美国的“外展活动”中，科学家更是以服务者的姿态出现在公众面前。其中有代表性的是美国宇航局。1997年，美国宇航局开始了“教育与面向公众的外展项目”（Education and Public Outreach Program，EPOP）。2002年，美国宇航局的事业目标中加入了“激励下一代探究者”一项。在“教育与面向公众的外展项目”中，作为面向学校的活动，有分别针对教师和学生的教育活动以及专门教材的提供；作为面对社会的非正规教育的活动，有在科学馆、天象馆开展的活动以及“科学秀”活动。另外，作为

"外展活动"内容的一部分，还开展面向一般公众的演讲和网上宣传活动。2005 年度，美国宇航局面向高等教育机构的活动达 300 场以上，面向初等、中等教育机构的活动达 1 600 场以上，面向科学馆的活动达 3 000 场以上，面向一般公众的活动达 1 100 场以上。共有 1 000 多位科学家、技术专家参与了上述活动。除研究机构外，美国的大学也鼓励学生参与"外展活动"。例如麻省理工学院以 1988 年设立的公众服务中心（Public Service Center）为基地，推进"外展活动"。公众服务中心的宗旨是通过对大学周边地区的社区服务，丰富教育经验及学生的人生经验。公众服务中心自 1993 年以来，每年都以大学周边地区的公立中学学生为对象，开展"科学博览会"活动。"科学博览会"是由中学生自己策划的"科学项目"的展示活动，参加者通过这一活动，与麻省理工学院的学生进行深层交流。麻省理工学院的学生也借此机会向中学生介绍实验室或博物馆内的研究设施。每年有 200 ~ 300 名中学生及 250 名麻省理工学院学生参与这一活动（MIT，2008a）。

5.4 科学史研究者的科学传播实践

5.4.1 英国：影响政府科学传播公共政策

英国的科学史研究者从"公众理解科学"运动之初，就是科学传播领域中的重要参与主体，其影响力颇为明显。在 2000 年的政策转型中，科学史研究者的建议受到英国政府的重视和采纳。

2000 年，英国上议院科学技术特别委员会在名为《科学与社会》的报告中特别吸收了 STS 的研究成果，将 STS 领域的学者杜兰特和布赖恩·温两人聘为《科学与社会》委员会的特别顾问。以 1985 年的《公众理解科学》报告为契机进行的各种调查和 STS 领域的研究成果，修正了早期的公众理解科学活动的前提假设——"缺失模型"。明确了"科学知识的增加必然导致对科学态度的积极化"这一假设不能简单成立。杜兰特等人以社会调查问卷为基础，指出"科学知识越多的人，越表现出支持一般的科学研究，反对涉及伦理问题的科学研究的倾向”（杜兰特等，1995）。另外，以欧盟各国为对象的调查结果显示，英国、丹麦等公众科学素养高的国家，与其他国家相比，公众对科学的关心程度反而较低。此外，研究者认识到了《公众理解科学》报告提出的“公众对科学的理解不足”这一结论本身，也应该重新探讨。STS 领域的学者批判了“将‘无知的公众’看作科学启蒙对象（即‘缺失模型’）”的假设。欧文和布赖恩・温等人提出一种新的主张，认为公众并不是无知，而是在公众特有的与境中拥有独特的知识体系。这种依存于与境的知识就是“地方性知识”。他们由此主张科学家必须要与公众对话（Irwin A 等，1996）。

以杜兰特和布赖恩・温为代表的 STS 领域的学者，其学科背景各有不同，其中包括科学社会学、科技政策、科学哲学、科学计量等，但是因为科学史在 STS 研究中的基础性地位，所以这些学者实际上都无法脱离科学史的研究背景。

欧洲其他国家的科学传播活动也都有科学史学者的直接参与。2000—2003 年，在欧盟“第五框架计划”的资助下，欧洲 6 个国家（英国、法国、奥地利、比利时、葡萄牙、瑞典）开展了“优化公众理解科学”项目，旨在反思现有公众理解理论和实践的基础上，促进各国公众参与科技事务。而这一项目正是在各国 STS 界内发展起来的（迈诺尔夫・迪尔克斯等，2006）。同英国的情况相似，这些 STS 领域内的学者，无论各自的专业出身背景有所不同，但是都受到科学史的影响。

5.4.2 日本：组织科学传播活动，培养科学传播人才

日本的科学传播实践从 20 世纪 70 年代的“科学的市民运动”开始，就以一种独具本土特色的形式发展着。20 世纪 90 年代末，日本从欧洲引入了“共识会议”“科学咖啡馆”等公众参与科学的新形式，并对其进行了本土化实践。无论是 20 世纪 70 年代的“科学的市民运动”，还是 20 世纪 90 年代末以来的新实践形式，在这些实践活动的介绍、引入、发起、组织、参与及理论研究和评价当中，都有来自科学史研究者的影响。例如，在日本最早引入“共识会议”的概念，并对其进行理论探讨的学者小林传司，就是日本 STS 界一位科学史出身的学者。1998 年和 2000 年日本召开

的两次试行性“共识会议”，小林传司是主要的组织和参与者之一。另外，在亲自参与了“共识会议”的实践之后，小林传司还撰写了学术论文和相关著作，对“共识会议”的实践情况进行系统性分析和评论，引起学界和社会的很大反响（小林传司，2004）。

2005 年被称为日本“科学传播的纪元之年”。这一年，日本文部科学省的竞标资金“科学技术振兴协调经费”中，出现了专门用于“科学技术传播者的培养”的重大立项。竞标者中，东京大学、早稻田大学和北海道大学提出的申请获得了通过，这三所大学于当年分别启动了“科学技术阐释型人才培养计划”“科学技术新闻工作者培养计划”和“科学技术传播型人才培养计划”（北海道大学科学技術コミュニケーター養成ユニット，2007）。

三个项目的首席教授藤垣裕子、谷川建司、杉山滋郎都有着深厚的 STS 研究背景。日本的 STS 学界自形成以来，一直有一个鲜明特点，即强烈的科学史、技术史倾向。三位首席教授中，杉山滋郎是日本知名的物理学史研究者，藤垣裕子和谷川建司的主要研究方向是科技政策，但是在其研究中一直具有很强的科学史意味。在以他们为代表的 STS 界学者的影响下，广受关注的三个人才培养计划有一个共同特征，即所有参与计划的人员，在接受培养期间，都要接受系统的科学史、科学哲学和科学社会学训练。

第6章　结　　论

本书着眼于科学史和科学传播的交叉研究，即在科学传播研究中引入科学史视角，通过对科学史的研究纲领和研究成果的历史性把握，以及对科学传播理论研究的深入研读和对实践情况的系统分析，采用宏观的理论把握、文献分析和具体的案例考察相结合的方式，从科学教育、科普作品、科学漫画、科学传播四个层次来考察科学史对科学传播的影响。本章首先对主要研究结论进行阐述，在此基础上提出后续研究的方向。

6.1　主要结论

结论 1

本研究认为，鉴于科学传播活动的复杂性、传播形式的多样性、多种传播理念的共存性，仅从整体上不加设定条件地讨论科学史对科学传播的影响是不够的，甚至是不对的。科学史对科学传播的影响是多层面多维度的，既有历史影响，也有现实影响；既有直接的强影响，也有间接的弱影响；既有对具体实践活动的影响，也有对科学传播观念和相关理论及其模型的影响。这些影响错综复杂，既有交互关系，也有平行关系。为了厘清科学史对科学传播的影响，有必要将科学传播的层次进行细分：科学教育、科学普及和科学传播。

第一，科学传播三个层次中的传播对象在传播活动中地位和角色各不相同。对科学教育而言，教育对象固定、明确，在接受教育的过程中处于被动接受的地位，其接受具有一定的强制性；对科学普及而言，普及对象相比科学教育更加广泛、形式也更为灵活，在普及活动中具有一定的自主性，但没有与科普主体的互动交流，处于单向接受的地位；对科学传播而言，传播对象即公众在传播活动中不仅具有自主性，并且能够与传播主体即科学传播者之间双向交流，有向传播者的反馈机制，在传播活动中处于与传播者相对平等的地位。

第二，科学传播的三个层次受到科学史影响的程度和影响的方式存在较大差异。对科学教育而言，科学史的影响是最明显和直接的，也具有强制性的特点，但也是最形而下的；对科学普及而言，科学史的影响依照科普作品的类型，呈现了由强到弱、由具体到抽象、由形而下到形而上的变化过程；对科学传播而言，科学史最重要的影响体现在思想纲领等理论层面和历史发展的过程中，它们看似无直接影响，实则有着千丝万缕的内在联系。科学史对科学传播三个层次的影响，看似是互相割裂、各不相关的，其实是有着内在联系并交互影响的。本书在结构上，把科学史对科学教育、科学普及和科学传播三个层次的影响在四个章节中分别进行论述，即是贯彻上述思想的体现。

结论 2

科学教育在广义的科学传播的几个层次中，最早明确地与科学史相结合，与科学史的结合也发展得最为成熟。相比科学的非正规教育即大众传播，正规的科学教育有对象预先明确、内容相对稳定、具有强制力、系统性强等特点，受到科学史的影响也具有独一无二的特性。在理论上，科学史对科学教育的意义体现在两个方面。

（1）科学史帮助科学知识的理解和“观念转变”。

科学史可以通过展示科学发展的历程揭示科学的整体面貌，帮助学生理解自然的内在同一性和科学知识的整体性；通过展示科学概念演变的历史，帮助学生在科学动态的发展中更好地理解科学概念；科学史还能够通过提供学习情境，帮助学生完成从“前概念”到“科学概念”的转变。

（2）科学史促进对科学本质的理解和科学观的形成。

科学史通过案例资源，以及通过展示科学发展的脉络和历程，能够帮助学生理解科学知识的本质、科学认识过程的本质和科学方法的本质，形成健康理性的科学观。

在具体的教育实践上。20 世纪 80 年代以来，许多国家在教育改革计划中，都提出将科学史融入科学教育课程中，本研究以美国的《国家科学教育标准》和我国的《全日制义务教育科学课程标准》为例，指出了科学史在基础科学教育改革中的重要作用和影响。

结论 3

科普是正规化学校科学教育的延伸，在我国的科学传播活动中占据主流。科学史对科普的影响主要体现在科普作品中。本研究将科普作品分为知识普及型、科学文化型和拓展型三种类型并进行了案例分析，考察了科学史对不同类型科普作用的不同影响。

首先，科学史能够提高知识普及型科普作品的科普效果。

在知识普及型科普作品中，适当引入科学史的背景或视角，能够提高作品的趣味性和内涵，提高科普的效果。科学史能揭示科学知识产生和发展的历史脉络，有利于公众对科学知识的理解和整体把握；科学史中具体的科学事件，有利于受众将科学知识具体化、形象化，便于理解和记忆；科学史中有关科学家的故事，有利于树立科学家的形象，提高公众对科学的兴趣。

其次，科学史可以成为科学文化型科普作品的直接内容。

科学史的研究成果本身就是科普的内容之一。在科学文化型科普作品中，科学史可以作为作品的主题和核心内容。科学史的史料素材和研究成果为科学文化型科普作品提供了广阔发挥的空间。科学文化型科普作品在普及科学史的过程中，不但传播了科学知识，还传播了科学方法、科学精神和系统化的科学观，有利于公众理解科学的本质。

最后，科学史能够提高拓展型科普作品的思想性和表现力。

科学史对拓展型科普作品的影响，其精神纽带是科学观。这种影响的传递链条可以表述为：科学史直接或间接地影响和塑造着拓展型科普作品作者的科学观，从而再影响其作品的主题和构思，进而反映到作品人物艺术形象的塑造和故事情节的创作之中，最后影响到作品的思想性和表现力。

科学史对科普作品的多重影响一方面验证了科学史对科学传播影响的复杂性，另一方面也进而表明在科普作品的创作中，要提高科学传播的效果，创作出更高品质的科普作品，一个有效的途径就是深入挖掘科学史资源，充分利用科学史的历史素材，吸收科学史理论的思想给养。

结论 4

科学史对科学传播的影响，是更深层意义上的影响。这种影响一方面表现为一种历史的过程，另一方面表现为一种理念的交织互动。为深入分析这种影响，本研究分别从科学史的研究内容、研究纲领以及科学史研究者的传播实践三个角度切入。从总体上看，新型科学传播的产生既是历史的产物，也是对科学的认识不断深入的结果。科学史在深化对科学认识的历史过程中，发挥了不可替代的作用。因而，可以说，新型科学传播的产生和发展，都离不开科学史的贡献。科学史不但为新型科学传播提供了素材和内容，更提供了理论支持和思想资源。

结论 5

在科学传播实践发展的过程中，科学史的研究内容对科学传播的影响大致有这样几个方面。

第一，科学史的外史研究趋势使科学在社会中的运行与传播，科学、科学家集团与公众的关系问题无疑直接成为科学史的重要关注对象之一。从科学观的角度来看，外史研究中对科学知识内容的社会史考察，开始关注科学及科学知识的社会建构性和与境性。在这一背景下，传统科技决策机制中专家主导权地位的建立，公众以“地方性知识”对专业知识和科学家集团形成的冲击，公众参与科技决策的可能性与必要性等问题，也成为科学史研究关注乃至直接考察的对象。

第二，综合史研究将科学作为整体置于人类社会中考察，科学共同体之外的其他社会主体包括公众重新进入了科学史研究的视野。与此同时，建构主义科学史和人类学进路的科学史研究对“地方性知识”、日常生活技术等内容的关注在某种程度上消解了专业史的编史原则，体现了科学史研究的新取向。综合史研究趋势使科学传播领域中的诸多理论问题成为科学史的研究对象之一，同时也直接为科学传播的发展提供了理论来源。

第三，科学史研究模式的变化，对宏大叙事的超越，对具体事件的关注以及人物传记的研究热点，为科学传播领域内公众心目中科学和科学家的形象的建立和重构提供了丰富的资源。其中，对科学家人物传记的研究在这个意义上更为典型。

第四，科学史从历史的角度对当代争议性科学技术问题以及日常生活技术的关注，为科学传播的新实践形式提供了内容借鉴。

（1）随着时代的变化和科学史研究内容的拓展和转向，当代争议性科学技术问题进入了科学史的研究范畴。科学史从历史的维度对这些科学技术的发展进行考察，其研究成果能够直接为新型科学传播提供内容来源。

（2）在人类学和社会学视角和方法的影响下，科学技术史的研究主题已经渗透到社会的方方面面，除了影响公共政策的涉及政治利益的争议性前沿技术问题，也越来越关注与健康、饮食、休闲、娱乐等丰富多彩的个人生活有关的日常技术。随着科学日渐商业化，公众作为科学的消费者的角色日益凸显，科学传播领域近年来也开始关注日常技术和物质文化，在这种趋势下，科学技术史对日常技术的关注带来的研究成果，可以为科学传播提供内容支撑。

结论 6

在科学传播理论的变化中，科学史的研究纲领及科学史带来的科学观的变化对科学传播的影响大致有这样几个方面。

第一，新的编史学纲领的科学史研究带来了对传统一元科学观的批判和反思，也促进了新的多元科学观的倡导和确立；同时，这些新的编史学纲领还为科学传播带来了新的研究视角和分析方法。具体来说，女性主义科学史将性别的社会建构因素带入科学传播领域，直接影响了科学传播与性别的研究；人类学进路的科学史强调的与境性为科学传播理论模型的变迁特别是与境模型的提出提供了理论来源；修辞学进路的科学史为科学传播中的文本分析特别是隐喻研究提供了理论借鉴。多元科学观与新的视角和方法一起，为科学传播理论突破原有的单一的“线性模型”和“缺失模型”，在为更加开放、平等、互动的意义上进行科学传播实践，提供了丰富的理论支持和实践手段。

第二，科学史带来科学观的变化推动了科学传播理论模型的变革。

（1）对“缺失模型”的颠覆。

在科学传播领域，科学的客观性、普遍性使得科学拥有了在共识建构中的绝对主导权的合法性；而科学的独立性、完备性和权威性使得科学家获得了政治权力。后库恩时代的科学史研究，特别是建构主义、女性主义、人类学、修辞学等后现代编史学纲领的科学史研究，通过大量的案例研究，对科学的绝对客观性和普遍性发起了挑战，甚至在一定程度上消解了科学的客观性和普遍性，从根本上瓦解了科学在共识建构中占绝对主导权的合法性，也消解了科学共同体在科学传播中的先验的权威地位。

（2）对“对话模型”的反思。

科学技术争议背后隐藏的科学体制的权力结构，对话中的话语体系，公众的意见和科学家的专业知识之间的对称关系，这些因素才真正影响着公众与科学的关系，以及公众在科技决策中的作用。而这些问题，仅仅通过表面上的对话和参与是无法解决的。对这些深层问题的质疑、批判和试图寻求的解决，需要来自科学史等科学元勘研究的理论支持，而科学史研究所带来的科学观，特别是后库恩时代的新编史学纲领下的科学史所带来的科学观的变化，能够为这些科学传播深层问题的揭示和解决提供理论资源。

（3）“公众对科学的批判性理解”。

“公众对科学的批判性理解”关注传播内容的意义，主张在更大的社会文化背景中去理解这种意义，并强调意义背后的价值与利益。其中涉及公众对科普文本的解读，也涉及公众在科学传播的构造中的作用。对这些问题的质疑和思考，已经超出了科学传播理论的范畴，同样需要来自科学元勘的理论给养。科学史作为科学元勘中的基础并重要的一个学科，以其特有的研究视角和方式，能够为“公众对科学的批判性理解”提供历史维度的批判视野和由具体案例研究所体现出的对传统科学观的反思和突破。

第三，科学史带来科学观的变化推动了科学传播领域中公众角色的变化。从接受者到评估者，从评估者到理解者，从理解者到参与者，公众角色的每一次转换，都反映出不同的时代背景中，随着科学在社会中的形象、地位、作用和影响的变化，科学传播的理论和实践也在不断地变化之中。而科学传播理论和实践的这种变化，一方面受到了来自科学元勘包括科学史的研究立场和研究成果的影响，另一方面也需要寻求科学的元理论研究特别是对科学观的研究的理论支持。

第四，科学史带来科学观的变化促进了科学家角色的变化。科学史的研究成果以及新编史学纲领的科学史研究带来的科学观的变革，改变了公众心目中以及社会中的科学家形象，改变了科学家在科技决策机制中的作用，从而也改变了科学家在科学传播领域中的定位，科学家开始以一种新的角色出现在科学传播实践中。包括科学家积极主动地参与科学传播活动，并视此为一种义务；科学家开始以“学习者”和“服务者”的姿态进行科学传播活动。

结论 7

科学史研究者直接进行科学传播实践，推动了科学传播理论和实践的发展。科学史研究者有效地推动政府公共科技政策，组织新型科学传播活动，培养科学传播人才。他们将科学史的研究视角和研究成果带入科学传播领域，推动了科学传播政策的转变，促进了科学传播形式和内容的变革。我国有必要借鉴国外的经验，进一步鼓励和推动科学史研究者的科学传播实践活动。

6.2 本研究的创新点及后续工作

目前，关于科学史与科学传播的交叉研究，特别是两者之间的相关性和相互影响，无论是在科学史界，还是在科学传播界，国内外都相对缺乏。在这种背景下，本研究在科学史和科学传播领域中都具有一定的开创性和前沿性。本研究的创新点主要体现在以下三个方面。

第一，在科学传播研究中引入科学史视角，深化了对科学传播模式和研究范式的认识。近年来，科学传播理论和实践研究在国内外都是一个热点问题，来自不同学科背景的学者从社会学、政治学、风险研究、风险沟通、媒介分析等视角出发对科学传播进行了多方位的研究，但是从科学史的视角出发考察科学史对科学传播的影响，相对来说还是一个比较薄弱的领域。本研究从科学史的研究成果和研究纲领出发，考察了科学传播，特别是新型科学传播的理论基础、研究范式，并用科学史的视角对科学传播实践活动做了系统性分析，为推动科学传播的理论建设和实践发展做了新尝试。

第二，以对科学传播的影响来考察科学史的功能，深化了科学史的应用研究。本研究把科学传播分为三个层次，分别讨论科学史对不同层次科学传播的影响，拓宽了科学史功能研究的视野，为科学编史学引入了新的视角。

第三，梳理了科学传播在不同国家、不同历史时期、不同与境下的各种层面、类型和形式，首次较为系统和全面地考察了科学史对科学传播不同层面、类型和形式的多重影响，为进一步的研究打下一定的基础。

然而，限于笔者的研究水平和文献的掌握程度，许多工作有待进一步深入。例如对科学史对科普作品影响的分析还不够细致、深入和系统，对科普作品的分类比较粗放、简单，局限于对案例的简单对比，缺乏理论深度。

另外，本研究主要还是一个理论层面的研究。事实上，科学传播是一个非常注重本土化实践的领域，因此，在以后的工作中还可以针对中国的具体情况做更具体的案例研究。

还有一点应该指出，科学史与科学传播分别作为 STS 领域中一个传统的基础学科和一个新兴的研究领域，它们之间的影响应该是相互的、双向的、辩证的，本研究只考察了科学史对科学传播的单向影响，基本没有涉及科学传播对科学史的反馈，这也是今后可以开展的一项工作。

最后，需要指出的是，目前传统的科学普及仍然是我国科学普及与传播活动中的主流，新型科学传播不可能也不应该完全取代传统科普活动，二者应该形成互有侧重、互为补充共同发展的局面。无论是科学史与科普的内在联系，还是科学史与科学传播的相互影响，本研究都还只是一个起点，在这个方向上还有很长的路要走。

参考文献

中文文献

[1] 爱德华·格兰特．中世纪的物理科学思想［M］．郝刘祥，译．上海：复旦大学出版社，2001.

[2] 巴伯．科学与社会秩序［M］．顾昕，译．北京：生活·读书·新知三联书店，1991.

[3] 巴里·巴恩斯．科学知识与社会学理论［M］．鲁旭东，译．北京：东方出版社，2001.

[4] 赫伯特·巴特菲尔德．近代科学的起源［M］．张丽萍，等，译．北京：华夏出版社，1988.

[5] J·D·贝尔纳．科学的社会功能［M］．陈体芳，译．北京：商务印书馆，1982.

[6] J·D·贝尔纳．历史上的科学［M］．伍况甫，等，译．北京：科学出版社，1983.

[7] 彼得·布洛克斯．理解科学［M］．李曦，译．北京：中国科学技术出版社，2010.

[8] 别莱利曼．趣味物理学［M］．符其珣，译．长沙：湖南教育出版社，1999.

[9] 伯恩斯坦．超越客观主义和相对主义［M］．北京：光明日报出版社，1992.

[10] 大卫·布鲁尔．知识和社会意象［M］．艾彦，译．北京：东方出版社，2002.

[11] 曹天元．量子物理史话：上帝掷骰子吗［M］．沈阳：辽宁教育出版社，2006.

[12] 曹维平. 论21世纪中学生科学精神的培养——美国2061计划对中国教育的启示 [J]. 江西师范大学学报（哲学社会科学版），2002 (1)：92-94.

[13] 曹昱. 公众理解科学理论发展研究——对约翰·杜兰特的“民主模型”的反思 [J]. 科学技术与辩证法，2004，21 (5)：85-89.

[14] 查尔默斯. 科学究竟是什么 [M]. 邱仁宗，译. 石家庄：河北科学技术出版社，2000.

[15] 陈启能，张艳国. 当前西方史学理论发展的回答 [J]. 社会科学动态，1996 (11).

[16] 陈桃珍. 改革开放30年引进版科普图书出版研究 [D]. 长沙：湖南师范大学，2009.

[17] 陈小鸥. 中美中学课程中科学史教育的比较及其启示 [D]. 上海：华东师范大学，2005.

[18] 黛安娜·克兰. 无形学院——知识在科学共同体的扩散 [M]. 北京：华夏出版社，1988.

[19] 狄博斯. 科学与历史 [M]. 任定成，等，译. 河北：河北科学技术出版社出版，2000.

[20] 丁邦平. HPS教育与科学课程改革 [J]. 比较教育研究，2000 (6)：6-12.

[21] 丁邦平. 国际基础科学课程改革：回顾与前瞻 [J]. 课程·教材·教法，2001 (10)：47-51.

[22] 丁邦平. 科学元勘与科学教学的两种模式 [J]. 全球教育展望，2001 (11)：49-54.

[23] 丁邦平. 国际科学教育导论 [M]. 太原：山西教育出版社，2002.

[24] 丁邦平. 科学观与科学教育改革：跨学科的视角 [J]. 教育研究，2002 (1)：37-43.

[25] 范文贵，韩学振. 建构主义数学教学观 [J]. 锦州师范学院学报（自然科学版），1997 (3)：54-58.

[26] 董国豪. 试论20世纪中国科普的两次高峰 [D]. 成都：成都理工大学，2008.

[27] 乔治·伽莫夫，罗素·斯坦纳德．物理世界奇遇记［M］．吴伯泽，译．北京：科学出版社，2008.
[28] 乔治·伽莫夫．物理学发展史［M］．高士析，译．北京：商务印书馆，1981.
[29] 顾志跃．科学教育概论［M］．北京：科学出版社，1999.
[30] 关洪．科学文人和科学家的对垒——也谈《何为科学真理》和《人人应知的科学》这两本书［N］．中华读书报，2002－03－27.
[31] 郭庆光．传播学教程［M］．北京：中国人民大学出版社，1999.
[32] 何艳波．生态女性主义对机械论自然观的伦理思与批判［J］．南京林业大学学报（人文社会科学版），2008（1）：20－24.
[33] 赫尔奇·克拉夫．科学史学导论［M］．任定成，译．北京：北京大学出版社，2005.
[34] 侯新杰．科学教学的建构主义方法［J］．全球教育展望，2001（10）：25－31.
[35] 胡诚．HPS 融入科学课程的研究［D］．上海：华东师范大学，2006.
[36] 怀特海．科学与近代世界［M］．何钦，译．北京：商务印书馆，1959.
[37] 吉尔德·德兰逖．社会科学——超越建构论和实在论［M］．张茂元，译．长春：吉林人民出版社．
[38] 吉尔兹．地方性知识［M］．王海龙，张家瑄，译．北京：中央编译出版社，2004.
[39] 格林，晏尼，布里顿．科学学习心理学［M］．熊召弟，等，译．台北：台湾心理出版社，1996.
[40] 贾晓慧．“科学救国论”的特征和现代价值［J］．科学技术与辩证法，2005，22（1）：92－93.
[41] 江晓原．科学史外史研究初论——主要以天文学史为例［J］．自然辩证法通讯，2000，22（2）：65－71.
[42] 姜妍．神秘作者曹天元：科普应极致娱乐［N］．新京报，2006－02－23.
[43] 蒋劲松．科学传播与科学文化研究——从科学传播史上的聚贤庄战

役谈起［J］. 科普研究，2007（2）：66－70.
［44］柯瓦雷. 科学思想史研究方向与规划［J］. 孙永平，译. 自然辩证法研究，1991（12）：63－65.
［45］哈里·科林斯，特雷弗·平奇. 人人应知的科学［M］. 潘非，何永刚，译. 南京：江苏人民出版社，2000.
［46］托马斯·库恩. 必要的张力［M］. 纪树立，等，译. 福州：福建人民出版社，1981.
［47］托马斯·库恩. 科学革命的结构［M］. 程树德，等，译. 台北：远流出版事业股份有限公司，2000.
［48］托马斯·库恩. 科学革命的结构［M］. 金吾伦，胡新和，译. 北京：北京大学出版社，2003.
［49］托马斯·库恩. 必要的张力［M］. 范岱年，纪树立，译. 北京：北京大学出版社，2004.
［50］布鲁诺·拉图尔，史蒂夫·伍尔加. 实验室生活：科学事实的建构过程［M］. 张伯霖，刁小英，译. 北京：东方出版社，2004.
［51］布鲁诺·拉图尔. 科学在行动：怎样在社会中跟随科学家和工程师［M］. 刘文旋，郑开，译. 北京：东方出版社，2005.
［52］拉瑞·劳丹. 进步及其问题［M］. 刘新民，译. 北京：华夏出版社，1990.
［53］约瑟夫·劳斯. 知识与权力——走向科学的政治哲学［M］. 盛晓明，邱慧，孟强，译. 北京：北京大学出版社，2004.
［54］郎之万. 思想与行动［M］. 何理路，译. 北京：生活·读书·新知三联书店，1957.
［55］乐绍延. 面向青少年的科普活动［J］. 发展，1996（4）：54.
［56］李大光. “公众理解科学”进入中国15年的回顾与思考［J］. 科普研究，2006（1）：24－32.
［57］李红林. 公民科学素质测量的理论与实践研究：以米勒体系为线索［D］. 北京：清华大学，2009.
［58］李醒民. 科学编史学的“四维空时”及其“张力”［J］. 自然辩证法通讯，2002（3）：64－71.

[59] 李真真．“科学在社区”活动——从思想到行动［M］//江晓原，刘兵．伦理能不能管科学．上海：华东师范大学出版社，2009.
[60] 林德宏．我所理解的科学思想史［J］．南京大学学报，2002，39（3）：74 – 80.
[61] 林建成．建构主义科学观的新发展——科尔的实在论的建构主义［J］．自然辩证法研究，2001，17（2）：10 – 13，46.
[62] 刘兵．克丽奥眼中的科学［M］．济南：山东教育出版社，1996.
[63] 刘兵．基础科学教育改革与科学史——从美国的“2061 计划”和《国家科学教育标准》谈起［J］．哈尔滨师专学报，1997（4）：7 – 12.
[64] 刘兵．基础科学教育研究与建构主义：中国与西方的差异［J］．科学学研究，2002（6）：572 – 576.
[65] 刘兵．STS 与基础科学教育［J］．内蒙古大学学报（人文社会科学版），2002（6）：7 – 13.
[66] 刘兵，侯强．国内科学传播研究：理论与问题［J］．自然辩证法研究，2004，20（5）：80 – 84.
[67] 刘兵，章梅芳．科学史中“内史”与“外史”划分的消解——从科学知识社会学（SSK）的立场看［J］．清华大学学报（哲学社会科学版），2006（1）：132 – 138.
[68] 刘兵，江洋．科学史与教育［M］．上海：上海交通大学出版社，2008.
[69] 刘凤朝．科学编史学的思想源流与现代走向［J］．自然辩证法研究，1993（12）：31 – 35.
[70] 刘凤朝．20 世纪的科学编史学：文化背景和思想脉络．科学技术与辩证法，1995（1）：40 – 43.
[71] 刘凤朝．历史主义学派对科学编史学的贡献［J］．自然辩证法通讯，2003（2）：63 – 66.
[72] 刘华杰．大科学时代的科普理念［N］．光明日报，2000 – 11 – 02
[73] 刘华杰．从勾勒姆到机器人——文学作品中的科学形象［M］//刘华杰．殿里供的并非都是佛．南京：江苏人民出版社，2004：104 –

124.
[74] 刘华杰. 整合两大传统：兼谈我们所理解的科学传播 [O]. 大连：中国科技新闻学会第七次学术年会暨第五届科技传播研讨会，2002-08-04.
[75] 刘华杰. 论科普的三种不同立场 [N]. 科学时报，2004-02-06(B2).
[76] 刘华杰. 论科普的立场与科学传播的信条 [J]. 自然辩证法研究. 2004，20 (8)：76-80.
[77] 刘华杰. 科学传播的四个典型模型 [J]. 博览群书，2007 (10)：32-35.
[78] 刘晓力. 建构科学知识社会学的与境分析 [J]. 求是学刊，2004(6)：56-60.
[79] 刘新芳，史玉民. 当代中国科普观的历史演进 [J]. 安徽史学，2009(4)：89-94.
[80] 卢卫红. 科学史研究中人类学进路的编史学考察 [D]. 北京：清华大学，2007.
[81] 鲁迅. 科学史教篇 [M]//鲁迅. 坟. 北京：人民文学出版社，2006.
[82] 马尔库斯，米开尔，费彻尔. 作为文化批评的人类学——一个人文学科的实验时代 [M]. 王铭铭，蓝达居，译. 北京：生活·读书·新知三联书店，1998.
[83] 马蕾蕾，曾国屏. 科普与文化产业间的作用结合机制探析 [J]. 科普研究，2008 (6)：24-28.
[84] 马蕾蕾，曾国屏. 对科普文化产品经典之作《铁臂阿童木》的回顾和思考 [J]. 科普研究，2009 (3)：44-50.
[85] 马修斯. 哲学与幼童 [M]. 陈国荣，译. 北京：生活·读书·新知三联书店，1989.
[86] 迈尔·莱布尼茨. 人·科学·技术 [M]. 胡功泽，译. 上海：生活·读书·新知三联书店，1992.
[87] 迈诺尔夫·迪尔克斯，等. 在理解与信赖之间——公众、科学与技术 [M]. 田松，等，译. 北京：北京理工大学出版社，2006.

[88] 麦茜特. 自然之死——妇女、生态和科学革命 [M]. 吴国盛，等，译. 长春：吉林人民出版社，1999.
[89] 梅森. 自然科学史 [M]. 周煦良，等，译. 上海：上海译文出版社，1980.
[90] 美国促进科学协会. 普及科学——美国“2061 计划” [M]//国家教育发展研究中心. 发达国家教育改革的动向和趋势（第四集）. 北京：人民教育出版社，1992：1 –536.
[91] 美国科学促进协会. 科学素养的基准 [M]. 上海：科学普及出版社，2001.
[92] 美国国家研究理事会. （美国）国家科学教育标准 [M]. 戢守志，译. 北京：科学技术文献出版社，1999.
[93] 明茨基，万达西，诺瓦克. 促进理解之科学教学 [M]. 黄台珠，等，译. 台北：台湾心理出版社，1998.
[94] 孟建伟. 科学史与人文史的融合——萨顿的科学史观及其超越 [J]. 自然辩证法通讯，2004（3）：57 –63.
[95] 默顿. 十七世纪英格兰的科学、技术与社会 [M]. 范岱年，等，译. 北京：商务印书馆，2000.
[96] 默顿. 科学社会学 [M]. 鲁旭东，林聚任，译. 北京：商务出版社，2003.
[97] 诺尔・塞蒂纳. 制造知识：建构主义与科学的与境性 [M]. 王善博，等，译. 北京：东方出版社，2001.
[98] 帕特南・童. 女性主义思潮导论 [M]. 艾晓明，译. 武汉：华中师范大学出版社，2002.
[99] 庞晓敏. 刘华杰：科学普及重要性不亚于科学创新 [N]. 天津日报，2005 –04 –01.
[100] 彭岩. 别莱利曼和他的《趣味物理学》 [OL/DB]. 北京人民广播电台都市生活频道，2008 –06 –26. [2008 –10 –23]. http://www.cyp.com.cn/ArticleDetail –6108100011.html.
[101] 普里高津. 从混沌到有序 [M]. 曾庆宏，沈小峰，译. 上海：上海译文出版社，1987.

[102] 普通高中物理课程标准研制工作组．普通高中物理课程标准［S］．中华人民共和国教育部，2003.
[103] 普通高中生物课程标准研制工作组．普通高中生物课程标准（实验）［S］．中华人民共和国教育部，2003.
[104] 普通高中化学课程标准研制工作组．普通高中化学课程标准（实验）［S］．中华人民共和国教育部，2003.
[105] 齐曼．真科学［M］．曾国屏，等，译．上海：上海科技教育出版社，2002.
[106] 齐曼．可靠的知识——对科学信仰中原因的探索［M］．赵振江，译．北京：商务印书馆，2003.
[107] 全民科学素质行动计划制定工作领导小组办公室．全民科学素质行动计划课题研究论文集［M］．北京：科学普及出版社，2005.
[108] 任福君，翟杰全．科技传播与普及概论［M］．北京：中国科学技术出版社，2012.
[109] 萨顿．科学的生命［M］．刘珺珺，译．北京：商务印书馆，1981.
[110] 萨顿．科学的生命——文明史论集［M］．刘珺珺，译．北京：商务印书馆，1987.
[111] 萨顿．科学史和新人文主义［M］．陈恒六，等，译．北京：华夏出版社，1989.
[112] 萨顿．科学的历史研究［M］．刘兵，译．北京：科学出版社，1990.
[113] 萨顿．文艺复兴时期的科学观［M］．郑诚，等，译．上海：上海交通大学出版社，2007.
[114] 桑德拉·哈丁．科学的文化多元性［M］．夏侯炳，等，译．南昌：江西教育出版社，2002.
[115] 邵明德，高伟．关于科学主义与人文主义整合的历史与反思［J］．徐州师范大学学报（哲学社会科学版），1999，25（1）：134－138.
[116] 斯诺．对科学的傲慢与偏见［M］．陈恒六，等，译．成都：四川人民出版社，1987.
[117] 施剑松．80 后神秘客大话科学史话《上帝掷骰子吗》［N］．竞报，

2006-01-06.
[118] 孙宝寅. 科技传播研究 [M]. 北京：清华大学出版社，1996.
[119] 孙宏安. 科学史教育的科学目标 [J]. 大连理工大学学报（社会科学版），2000，21（2）：58-61.
[120] 孙开逊. 我们今天传播什么——科学传播的历史回顾与哲学思考 [N]. 人民政协报，2000-11-28（5）.
[121] 孙树林. 日本漫画文化浅论 [J]. 日本学刊，1996（5）：108-120.
[122] 谭笑，刘兵. 公众理解科学的修辞学分析 [J]. 自然辩证法通讯，2007，29（2）：44-48.
[123] 谭笑. 科学史研究中修辞学进路的编史学考察 [D]. 北京：清华大学，2009.
[124] 汤川秀树. 创造力和直觉 [M]. 周林东，译. 上海：复旦大学出版社，1997.
[125] 田松. 科学传播——一个新兴的学术领域 [J]. 新闻与传播研究，2007，14（2）：81-90.
[126] 王文静. 社会建构主义研究 [J]. 全球教育展望，2001（10）：15-19.
[127] 魏冰. 科学史·科学哲学和科学教学 [J]. 比较教育研究，1999（3）：52-54.
[128] 魏冰. 美国"国家科学教育标准"——一项富有挑战性的科学教育改革方案 [J]. 外国教育研究，2000（3）：20-23.
[129] 温彭年，贾国英. 建构主义理论与教学改革——建构主义学习理论综述 [J]. 教育理论与实践，2002（5）：17-22.
[130] 文德尔班. 哲学史教程 [M]. 罗达仁，译. 北京：商务印书馆，1996.
[131] 吴国盛. 科学思想史指南 [M]. 成都：四川教育出版社，1994.
[132] 吴国盛. 走向科学思想史研究 [J]. 自然辩证法研究，1994（2）：10-15.
[133] 吴国盛. 从科学普及到科学传播 [N]. 科学日报，2000-09-22.

[134] 吴国盛. 从科学普及到科学传播 [M]//2000 年中国国际科普论坛论文集. 北京: 中国科普出版社, 2001.

[135] 吴国盛. 科学的历程 [M]. 北京: 北京大学出版社, 2002.

[136] 吴国盛. 科学史的意义 [J]. 中国科技史杂志, 2005 (1): 59 - 64.

[137] 吴文桂. 对《汤普金的异想世界: 近代物理探索》的书评 [OL/DB]. 国科会自然处物理研究推动中心. [2005 - 04 - 01]. http://140.114.80.35/top100_review.pdf.

[138] 夏平, 西蒙·谢弗. 利维坦与空气泵: 霍布斯、玻意耳与实验室生活 [M]. 蔡佩君, 译. 上海: 世纪出版集团, 2008.

[139] 夏禹龙. 科学学基础 [M]. 北京: 科学出版社, 1993.

[140] 徐奉臻. 梳理与反思: 技术乐观主义思潮 [J]. 学术交流, 2000 (6): 14 - 18.

[141] 徐学福. 科学的相对性及其在课程和教学中的渗透 [J]. 比较教育研究, 2001 (7): 2 - 3.

[142] 伊·拉卡托斯. 科学研究纲领方法论 [M]. 兰征, 译. 上海: 上海译文出版社, 1986.

[143] 英国皇家学会. 公众理解科学 [M]. 唐英英, 译. 北京: 北京理工大学出版社, 2004.

[144] 英国上议院科学技术特别委员会. 科学与社会 [M]. 张卜天, 等, 译. 北京: 北京理工大学出版社, 2004.

[145] 袁江洋. 科学史: 走向新的综合 [J]. 自然辩证法通讯, 1996 (1): 52 - 55.

[146] 袁江洋. 科学史编史思想的发展线索——兼论科学编史学学术结构 [J]. 自然辩证法研究, 1997 (12): 34 - 41.

[147] 袁江洋. 科学史的向度 [M]. 武汉: 湖北教育出版社, 2003.

[148] 袁江洋. 科学文化研究刍议 [J]. 中国科技史杂志. 2007, 28 (4): 480 - 490.

[149] 袁维新. 学习与教学的新理念: 在对话中建构知识 [J]. 天津教育, 2003 (5): 16 - 18.

[150] 袁维新. 科学史教育的教学价值和教学模式 [J]. 教育科学研究, 2004 (7): 38 -40.
[151] 袁维新. 国外科学史融入科学课程的研究综述 [J]. 比较教育研究, 2005 (10): 62 -67.
[152] 袁维新. 科学史教育的哲学透视 [J]. 淮阴师范学院学报 (哲学社会科学版), 2006 (3): 285 -290.
[153] 袁维新. 科学史融入科学课程的原则、方式和策略 [J]. 课程·教材·教法, 2006 (10): 68 -72.
[154] 袁维新. 论科学史的教育价值 [J]. 自然辩证法通讯, 2006 (3): 72 -77.
[155] 袁维新. HPS 教育与大学教育改革 [J]. 现代大学教育, 2010 (1): 87 -92.
[156] 曾国屏, 古荒. 关于科普文化产业几个问题的思考 [J]. 科普研究, 2010 (1): 5 -11.
[157] 翟杰全. 让科技跨越时空: 科技传播与科技传播学 [M]. 北京: 北京理工大学出版社, 2002.
[158] 张柏春. 日常技术的文化阐释 [N]. 中华读书报, 2005 -08 -10.
[159] 张广智. 西方史学史 [M]. 上海: 复旦大学出版社, 2005.
[160] 张建伟, 陈琦. 从认知主义到建构主义 [J]. 北京师范大学学报 (社会科学版), 1996 (4): 75 -84.
[161] 张开逊. 公众理解科学技术 [M]//中国科学技术协会第四次全国代表大会文件. 北京: 人民出版社, 1991.
[162] 张璐, 朱晨海. 2061 计划与美国科学教育改革 [J]. 外国中小学教育, 2000 (1): 29 -31.
[163] 张晓丹. 一个值得重视的学科: 科学史学史 [J]. 史学理论研究, 1994 (3): 102 -111.
[164] 张增一. 超越 "科学大战": 从对立到对话 [J]. 自然辩证法研究, 2006, 22 (4): 9 -13.
[165] 章梅芳. 女性主义科学史的编史学考察 [D]. 北京: 清华大学, 2006.

[166] 赵红洲，蒋国华．一篇论牛顿的科学史文章引起的风波［M］//戴念祖，周嘉华．“原理”——时代的巨著．成都：西南交通大学出版社，1988.

[167] 赵万里，李军纪．知识生产和科学的自组织——科劳恩的科学建构模式研究［J］．自然辩证法通讯，1999，21（1）：40－48.

[168] 赵万里．科学的社会建构：科学知识社会学的理论与实践［M］．天津：天津人民出版社，2002.

[169] 赵万里．建构主义与科学社会史［J］．南开大学法政学院学术论丛，2002（2）：99－109.

[170] 中国大百科全书编委会．自然辩证法百科全书［M］．北京：中国大百科全书出版社，1994.

[171] 中华人民共和国教育部．《全日制义务教育科学（3－6年级）课程标准（实验稿）》［M］．北京：北京师范大学出版社，2001.

[172] 中华人民共和国教育部．《全日制义务教育科学（7－9年级）课程标准（实验稿）》［M］．北京：北京师范大学出版社，2001.

[173] 中华人民共和国国家教育委员会．九年义务教育全日制初级中学物理教育大纲［M］．北京：人民教育出版社，1992.

[174] 中华人民共和国国家教育委员会．全日制普通高级中学物理教育大纲［M］．北京：人民教育出版社，1996.

[175] 郑毓信．科学教育哲学［M］．成都：四川出版集团，2006.

英文文献

[1] American Association for the Advancement of Science. Science for all Americans: A project 2061 report on literacy goals in science mathematics and technology [EB/OL]. http://www.project2061.org/publications/sfaa/online/Chap13.htm, 1989.

[2] Aurora J R, Nemesis, Clio [J]. British Journal for the History of Science, 1993 (26) 26: 391－405.

[3] Bensaude V B. A genealogy of the increasing gap between science and the public [J], Public Understanding of Science, 2001 (10): 99－113.

[4] Bluh O. Ernst Mach as a Historian of Physics [J]. Centaurus, 1968

(13): 62 - 84.

[5] Bodmer W, Wilkins J. Research to improve public understanding programmes [J]. Public Understanding of Science, 1992 (1): 7 - 10.

[6] Bodmer W. The Public Understanding of Science [R]. London: Royal Society, 1985.

[7] Bodmer W. The Public Understanding of Science [M]. Bernal Lecture, London: Birkbeck College, 1986.

[8] British Association for the Advancement of Science. The BA Festival of Science 2006 Evaluation Report [EB/OL]. http://www. the - ba. net/NR/rdonlyres/4B4301A2 - 6453 - 4920 - 9A45 - 178299CC5099/0/Festivalreport. Pdf, 2006.

[9] British Association for the Advancement of Science. National Science &Engineering Week 2007 Evaluation Report [EB/OL]. http://www. the - ba. net/NR/rdonlyres/943BE3A1 - the - ba. Net/the - BA/PressOffice/PressReleases/_BA PressRelease5 June07. htm, 2007.

[10] British Association for the Advancement of Science. National Science & Engineering Week 2008 Evaluation Report [EB/OL]. http://www. the - ba. net/NR/rdonlyres/7EDF4312 - D43D - 444C - B011 - B2FFA9A2D53D/0NSEW2008FullReport. pdf, 2008a.

[11] British Association for the Advancement of Science [EB/OL]. http://www. the - ba. net/NR/rdonlyres/465A9B50 - D46D - 47BC - 85DE - 05BIB68710C7/0/BANSWSouthEast. pdf, 2008b.

[12] British Association for the Advancement of Science. BA x - change [EB/OL]. http://www. the - ba. net/the - ba/ScienceinSociety/_Eventsand Programmes/x - change/x - change. htm, 2008c.

[13] Brush S G. History of Science and Science Education [J]. Interchange, 1989 (20): 60 - 70.

[14] BSE Inquiry Report [EB/OL]. http://www. bseinquiry. gov. uk/pdf/index. htm, 2000.

[15] Bucchi M. Science and the Media: Alternative Routes in Scientific

Communication [M]. London: Routledge, 1998.

[16] Bucchi M. Science in Society: An Introduction to Social Studies of Science [M]. London: Routledge, 2004.

[17] Burian R M. More than a Marriage of Convenience: On the Inextricability of History and philosophy of science [J]. Philosophy of Science. 1977, 44 (1): 1 -42.

[18] Bush J, Moffatt S, Dunn C E. Keeping the public informed? [J]. Public Negtiation of Air Quality Information, 2001 (10): 213 -229.

[20] Bybee R, Deboer G. Goals for the Science Curriculum [J]. Handbook of Research on Teaching and Learning. Washington, DC. 1993.

[21] Caillot M, Nguyen - Xuan A. Adults' understanding of electricity [J]. PUS, 1995 (4): 131 -151.

[22] Carey S, Smith C. On understanding the nature of scientific knowledge [J]. Educational Psychologist, 1993, 28 (3): 235 -251.

[23] Chittenden D, Farmelo G. , Lewenstien B V. Creating Connections: Museums and the public understanding of current research [M]. Alta Mira Press, 2004.

[24] Cobern W. Socio - Cultural Perspectives on Science Education: An International Dialogue [M]. Kluwer Academic Publishers, 1998.

[25] Collette A T, Chiappetta E C. Science instruction in the middle and science school [J]. 3rd. Columbus, U S A: Merrill. 1994.

[26] Collins H, Evans R. The third wave of science studies: studies of expertise and experience [J]. Social Studies of Science, 2002 (32): 35 -96.

[27] Collins H, Pinch T. The Golem: What Everyone Should Know About Science [M]. Cambridge: Cambridge University Press, 1993.

[28] Collins H. Certainty and the public understanding of science [J]. Social Studies of Science, 1987 (17): 689 -713.

[29] Collins P. The British Association as public apologist for science// Macleod, Collins. The Parliament of Science: The British Association for

the Advancement of Science 1831 – 1981 [M]. Northwood: Science Reviews, 1981.

[30] Committee on Science U S. House of Representatives 105 Congress. Unlocking Our Future: Toward a new national science policy [EB/OL]. <http://www.access.gpo.gov/congress/house/science/cp105 – b/science105b.pdf>, 1998.

[31] COPUS. Copus Grants – News [EB/OL]. <htto://www.copus.org.uk/news_latest.html>, 2008a.

[32] COPUS. Copus – Histiory [OL/DB]. http://www.conpus.org.uk/grants_about_history_ copus. Htmal, 2008b.

[33] Curtis R. Narrative form and normative force: Baconian story – telling in popular science [J]. Social Studies of Science, 1994 (24): 419 – 61.

[34] Dallas D. Café Scientifiqun – Déjà Vu [J]. Call, 2006 (126): 227 – 9.

[35] Dawkins R. The moon is not a calabash [J]. Times Higher Educational Supplement, 1994 (30).

[36] Department of Trade and Industry. Excellence and Opportunity – A science and innovation policy for the 21st century [EB/OL]. http://www.berr.gov.uk/file1190.pdf, 2000a.

[37] Department of Trade and Industry. The Government Response to the House of Lords Select Committee on Science and Technology Third Report, Science and Society [M]. 出版地：出版社，2000.

[38] Dialogue by Design. Sciencehorizons Summary Report [EB/OL]. http://www.sciencehorizons.org.uk/resources/sciencehorizons_summary_report.pdf, 2007.

[39] Dickson D. Science and its public: the need for a 'third way' [J]. Social Studies of Science, 2000 (30): 917 – 23.

[40] Dornan C. Science and scientism in the media [J]. Science as Culture, 1989 (7): 101 – 21.

[41] Dower J. Embracing the Defeat: Japan in the wake of World War. London [M]. The New Press, 1999: 493 – 495

[42] Duncan P D. Newspaper science: the presentation of science in four British newspapers during the interwar years 1919 – 1939 [D]. Unpublished MPhil thesis, University of Sussex. 1980.

[43] Durant J. Darwinism and divinity: a century of debate, in J. Durant (ed.) Darwinism and Divinity: Essays on Evolution and Religious Belief [J]. Oxford: Basil Blackwell, 1985.

[44] Durant J. Geoffrey A Evans and Geoffery P Thomas [J]. Public Understanding of Science, 1989 (6): 11.

[45] Durant J. Why scientific literacy matters [J]. Science Communication in Europe. report of Ciba Foundation discussion meeting. London: Ciba Foundation, 1991.

[46] Durant, J. What is scientific literacy? [J]. European Review, 1994 (1): 83 –89.

[47] Durant J. A new agenda for the public understanding of science, Inaugural lecture [M]. London: Imperial College, 1995.

[48] Duschl R. Restructuring science education: The importance of theories and their development [M]. New York: Teachers Collcne Press, 1990.

[49] Edmond G., Mercer D. Scientific literacy and the jury: Reconsidering jury competence [J]. PUS, 1997 (6): 329 –357.

[50] Egan K. 1988. Teaching as story telling. London: Rontledge//Monk, Oshorne. 1997: 418.

[51] Einsiedel E F, Jelse E, Breck T. Publics at the technology table: The consensus conference in Denmark, Canada, and Australia [J]. PUS, 2001, (10): 83 –98.

[52] Elam M, Bertilsson M. Consuming, engaging and confronting science: the emerging dimensions of scientific citizenship [J]. European Journal of Social Theory, 2003 (6): 233 –51.

[53] Ennis R H. Research in Philosophy of Science Bearing on Science Education [J]. Current Research in Philosophy of Science. PSA: East Lansing, 1979 (3): 138 –170.

[54] EurekAlertl. Neil deGrasse Tyson receives 2007 AAAS Public Understanding of Science and Technology Award [EB/OL]. http://www. eurekalert. org/pub_releases/2008 – 02/aaft – and02008: 2008.

[55] Evans, Durant D. The relationship between knowledge and attitudes in the public understanding of science in Britain [J]. PUS, 1995 (4): 57 – 74.

[56] Field H, Powell P. Public understanding of Science versus public understanding of research [J]. PUS, 2001 (10): 421 – 426.

[57] Galison P, Stump D J. The Disunity of Science: Boundaries, contexts, and power [J]. Social Studies of Science, 1985, 15 (4): 593 – 630.

[58] Galison P. Image and Logic: A Material Culture of Microphysics [M]. Chicago, IL: University of Chicago Press, 1997.

[59] Garrison J W, Lawwill R S. Democratic science teaching: A role for the history of science [J]. Interchange, 1993, 24 (1 – 2): 29 – 39.

[60] Gil D, Solbes J. The introduction of modern physics: Overcoming a defomed vision of science [J]. International Journal of Science Education, 1993, 15 (3): 255 – 260.

[61] Golinski J. Making Natural Knowledge: Constructivism and the History of Science [M]. Cambridge University Press, 1998.

[62] Goshorn K. Social rationality, risk, and the right to know: Information leveraging with the toxics release inventory [J]. PUS, 1996 (5): 297 – 320.

[63] Goven J. Deploying the consensus conference in New Zealand: Democracy and De – problematization [J]. PUS, 2003 (12): 423 – 440.

[64] Gregory J, Miller S. Science in Public: Communication, Culture, and Credibility [M]. New York: Plenum., 1998.

[65] Hall S. Encoding/decoding, in S. Hall, D. Hobson, A. Lowe and P. Willis (eds) Culture, Media, Language [M]. London: Hutchinson, 1980.

[66] Hall S. The rediscovery: ‘ideology ~: return of the repressed in media

studies//Gurevitch, Bennett, Curran, et al. Culture, Society and the Media [M]. London: Methuen, 1982.

[67] Haynes R D. From Faust to Strangelove: Representations of the Scientist in Western Literature [M]. Baltimore, MD: Johns Hopkins University Press, 1994.

[68] Henson L, Cantor G., Dawson G., et al. Culture and Science in the Nineteenth Century Media [M]. Aldershot: Ashgate, 2004.

[69] Hilgartner S. The dominant view of popularization: conceptual problems [J]. Social Studies of Science, 1990 (20): 519 –539.

[70] Hofstadter R. Social Darwinism in American Thought [M]. Boston, MA: Beacon, 1955.

[71] Hogben L. Science for the Citizen [M]. London: George Allen and Unwin., 1938.

[72] Hollinger D A. Inquiry and uplift: late – nineteenth – century American academics and the moral efficacy of scientific practice [J]. The Authority of Experts: Studies in History and Theory Bloomington, IN: Indiana University Press, 1984 (8): 142 –156.

[73] Holton G, Blanpied W. Science and its Public: The Changing Relationship [J]. Boston Studies in the Philosophy of Science, 33 Dordrecht and Boston: D Reidel, 1976, 28 (6): 58 –62.

[74] Holton G. Can science be at the centre of modern culture? [J]. Public Understanding of Science, 1993a (2): 291 –305.

[75] Holton G. Science and Anti – science [M]. Cambridge, MA: Harvard University Press, 1993.

[76] Horgan J. The End of Science: Facing the Limits of Knowledge in the Twilight of the Scientific Age [M]. London: Little Brown, 1997.

[77] House of Lords. 200. Science and Societ. [EB/OL]. < http://www.publications.parliament.uk/pa/ld199900/ldselect/ldsctech/38/3801.htm >.

[78] Imperial College London. Imperial College London – First UK Masters in Creative Non – Fiction Writing launches at Imperial College London [EB/

OL]. http://www. imperial. ac. uk/p6208. htm, 2008.
[79] Irwin A, Wynne B. Misunderstanding Science? The Public Reconstruction of Science and Technology [M]. Cambridge: Cambridge University Press, 1996.
[80] Jardine N. Etics and Emics (not to mention anemics and emrtics) in the History of science [J]. History of Science, 2004, 42 (3): 261 -278
[81] Jasanoff S, Markle G E, Petersen J C, et al. Handbook of Science and Technology Studies [M]. London: Sage Publications, 1995.
[82] Jenkins E. The History of Science in British Schools: Retrospect and Prospect [J]//Matthews M R. ed. History, Philosophy, and Science Teaching: Selected Readings. 1991, OISE: 33 -41.
[83] Johnson R. Really Useful Knowledge: radical education and working - class culture 1790 - 1848 [M]//Clarke J, Critcher C, Johnson R. Working - Class Culture: Studies in History and Theory. London: Hutchinson, 1979.
[84] Joseph R. Philosophy of Science and the Persistent Narratives of Modernity [J]. Studies in History and Philosophy of Science, 1991 (22): 147.
[85] Joss, Simon, Durant. Consensus Conferences: A Review of the Danish, Duch and UK Approaches to this Special Form of Technology Assessment [M]. Assessment of the Options for a Proposed Swiss Consensus Conferences, 1994.
[86] Kerr A, et al. The new genetics and health: mobilizing lay expertise [J]. PUS, 1998 (7): 41 -60.
[87] Kragh H. An Introduction to the Historiography of Science [M]. Cambridge University Press, 1987.
[88] Landua M. Narratives of Human Evolution [M]. New Haven, CT: Yale University Press, 1991.
[89] Laugsksch R C. Scientific literacy: A conceptualo verview [J]. Science Education, 2000, 84 (1): 71 -94.
[90] Lewenstein B V. When Science Meets the Public [J]. Washington, DC:

American Association for the Advancement of Science. 1992, 3 (12): 12 - 17.

[91] Lewenstein B V. The meaning of' public understanding of science: in the United States after World War II [J]. Public Understanding of Science, 1992 (1): 45 - 68.

[92] Lewenstein B V. From fax to facts: communication in the cold fusion saga [J]. Social Studies of Science, 1995 (25): 403 - 436.

[93] Lewenstein B V. Science and the media [M]//Jasanoff, Markle, Petersen et al. Handbook of Science and Technology Studies. London: Sage Publications. 1995b.

[94] Locke S. Golem science and the public understanding of science: from deficit to dilemma [J]. Public Understanding of Science, 1999 (8): 75 - 92.

[95] Locke S. The Public Understanding of Science - a rhetorical invention. Science [J], Technology and Human Values, 2002, 2 (7): 87 - 111.

[96] Mathews M R. History, Philosophy, and Science Teaching: The present reapproachment [J]. Science and Education, 1992 (1): 11 - 47.

[97] Matthews M R. Science teaching: The role of history and philosophy of science [J]. N Y: Routledge. 1994, 8 (34): 20 - 25.

[98] Matthews M R. In defense of modest goals when teaching about the nature of science [J]. Journal of Research in Science Teaching, 1998a, 35 (2): 161 - 174.

[99] Matthews M R. The nature of science and science teaching [M]. //Fraser and Tobin. International Hand book of Science Education, 1998b: 981.

[100] McCloskey M. Naive theories of motion [J]//Gentner D, Stevens A. Mental models. Hillsdale, NJ: Lawrence Erlbaum, 1983: 299 - 324.

[101] McComas W F, Clough M P, Almazroa H. The nature of science in science education: Rationales and Strategies [J]. Science&Technology Education Library, 1998 (5): 3 - 39.

[102] McDonald D. Teaching science for understanding: Implications of spontaneous concepts and the history of science [J]. ERIC Document Reproduction Service No, ED314251, 1989, 卷 (期): 引用页码.

[103] Michael M, Carter S. The facts about fictions and vice versa: public understanding of human genetics [J]. Science as Culture, 2001 (10): 5 - 32.

[104] Michael M. Between citizen and consumer: Multiplying the meanings of the "Public Understanding of Science" [J]. PUS, 1998 (7): 313 - 327.

[105] Michael M. Comprehension, apprehension, prehension: heterogeneity and the public understanding of science [J]. Science, Technology and Human Values, 2002 (27): 357 - 78.

[106] Millar R, Driver R. Beyond processes [J]. Studies in Science Education, 1987 (14): 109 - 118.

[107] Miller D, Kitzinger J, Williams K, et al. The Circuit of Mass Communication: Media Strategies [M]. Representation and Audience Reception in the AIDS Crisis. London: Sage Publications, 1998.

[108] Miller J D. The Scientific Literacy: A Conceptual and Empirical Review [J]. Daedalus, 1983, 11 2 (2), 29 - 48.

[109] Miller J D. Scientific literacy in the United States. Communicating Science to the Public, Ciba Foundation conference [J]. London: Ciba Foundation. 1987, 18 (3): 135 - 150.

[120] Miller J D. The measurement of civic scientific literacy [J]. Public Understanding of Science, 1998 (7): 203 - 23.

[121] Miller J D. Public understanding of, and attitudes toward scientific research: what we know and what we need to know [J]. Public Understanding of Science, 2004 (13): 273 - 94.

[122] Miller S. Public understanding of science at the crossroads [J], Public Understanding of Science, 2001 (10): 115 - 20.

[123] MIT. Misison and Histroy - About the PSC - MIT Public Service Center

[EB/OL]. http://web. mit. edu/mitpsc/about/mission – history. html, 2008.

[124] MIT. Science Expo – MIT Public Service Center [EB/OL]. http://web. mit. edu/mitpsc/volunteering/programs/expo/, 2008.

[125] Monk M, Oshorne J. Placing the history and philosophy of science on the curriculum: A model for the development of pedagogy [J]. Science Education, 1997 (81): 408.

[126] National Research Council. National Science Education Standards [M]. Washington, DC: National Academy Press, 1996.

[127] National Science Board. Chapter 7 Science and Technology: Public Attitudes and Understanding [EB/OL]. Science and Engineering Indicators, vol. 1. <http://www. nsf. gov/staistics/seind08/>, 2008.

[128] Nelkin D, Lindee M S. The DNA Mystique: The Gene as Cultural Icon [M]. New York: Freeman, 1995.

[129] Nersessian N J. Conceptual change in science and in science education [M]//Matthews M R. History, philosophy and science teaching. Toronto, Canada: Teachers College Press, 1991, 126 – 142.

[130] Office of Science and Technology and the Wellcome Trust. Science and the public: A review of science communication and public attitudes toward science in Britain [EB/OL]. <http://www. wellcome. ac. uk/stellent/groups/corporatesite/@ msh _ peda/documents/web _ document/wtd003419. pdf>, 2000.

[131] Outram D. Politics and Vocation: French Science 1789 – 1830 [J]. British Journal for the History of Science., 1980, 1 (13): 27 – 43.

[132] Pearson G. The participation of scientists in public understanding of science activities: The policty and practice of the U. K. Research Councils [J]. PUS, 2001 (10): 121 – 137.

[133] Petts J. The public – expert interface in local waste management decision: Expertise, credibility and process [J]. PUS, 1997 (6): 359 – 381.

[134] Pitrelli N. The crisis of the public understanding of science in Great

Britain [J]. Journal of Science Communication, 2003, 2 (1): 1 -9.

[135] Popper K R. Conjectures and Refutations [M]. London&Henley: Routledge and Kegan Paul: 30, 1963.

[136] Pumfrey S. History of Science in the National Curriculum: A Critical Review of Resources and their Aims [J]. British Journal for the History of Science, 1991 (24): 61 -78.

[137] Rosendhal J, Sakimoto P, Pertzborn R, et al. The NASA office of space science education and public outreach program [J]. Advances in Space Research, 2004 (34): 2127 -2135.

[138] Royal Society. The Royal Society Michael Faraday Prize 1986 [EB/OL]. http://royalsociety. org/page. asp? tip =1&id =1783. 1986.

[139] Royal Society. Science in Society: Report [R] London: Royal Society 2004a.

[140] Royal Society. Review of the Year 2004: 8 [EB/OL]. http://royalsociety. org/down loaddoc. asp? id = 4416.

[141] Royal Society. Royal Society MP. Scientist Pairing Scheme [EB/OL]. http://royalsociety. org/downloaddoc. asp? id =2637, 2005.

[142] Royal Society. Science in Society, the Impact and Legacy of the Five Year Kohn Foundation funded programme [EB/OL]. 2006, 14 - 15. http://royalsoc. ac. uk/downloaddoc. asp? id =3179.

[143] Schecker H P. The paradigmatic change in mechanics: Implication of historical processes for physics education [J]. Science and Education, 1992, 1 (1): 71 -76.

[144] Sciencewise - ERC. Sciencewise - ERC Projects Advanced Materials Nanodialoguse [EB/OL]. http://www. sciencewise - erc. org. uk/cms/ advanced - materials - projects - naodialoguse/, 2008.

[145] Sciencewise - ERC. Sciencewise - ERC Projects Other Science Communication Working Lunches [EB/OL]. http://www. sciencewise - erc. org. uk/ cms/science - communication - working - lunches/. 2008.

[146] Seifert F. Local sceps in an international career: A Danish - style

consensus conference in Austria [J]. PUS, 2006 (15): 73 – 88.

[147] Shen B. Scientific Literacy and the Public Understanding of Science [J]//Day (Eds.), Communication o f Scientific Information. Basel: Kargepp: 44 – 52.

[148] Snow C P. The Two Cultures and a Second Look. London [M]. New English Library, 1963.

[149] Socklmayer S M, Gore M M, Bryant C. Science Communication in Theory and practice [M]. Springer, 2001.

[150] Stilgoe. Nanodialogues: Experiments in public engagement with science [EB/OL]. http://www. demos. co. uk/files/Nanodialogues% 20 – % 20%20web. pdf, 2007.

[151] Stinner A. History and philosophy of science in the science curriculum [M]//Fraser, Tobin Op, 1998: 1030.

[152] Sturgus P, Allum N. Science in society: Re – evaluating the deficit model of public attitudes [J]. PUS, 2004 (13): 55 – 74.

[153] Thackray A. History of Science [A]//Durbin. A Guide to the Culture of Science, Technology, and Medicine The Free Press, 1980: 3 – 69.

[154] Wandersee J H. Can the history of science help science educators anticipate students' misconceptions [J]. Journal of Research in Science Teaching, 1986, 23 (7): 581 – 597.

[155] Welker M E, Cox A R. A report on research activities at Research Universities [J]. Reserch Management Review, 2006 (15): 1 – 11.

[156] Wellcome Trust. The Role of Scientists in Public Debate [EB/OL]. http://www. wellcome. ac. uk/stellent/groups/corporatesite/@ mas_peda/documents/web_document/wtd003425. pdf, 2001.

[157] Wilsdon J, Willis R. Technoprobe [R]. Guardian, September. 2004a.

[158] Wilsdon J, Willis R. See – through Science: Why Public Engagement Needs to Move Upstream [M]. London: Demos. 2004b.

[159] Wright N, Nerlich, B I. Use of the deficit model in shared culture of argumentation: The case of foot and mouth science [J]. PUS, 2006

(15): 331 -342.

[160] Wrnne B. Physics and psychics: science, symbolic action and social control in late Victorian England [A]//Barnes, Shapin. Natural Order: Historical Studies of Scientific Culture. London: Sage Publications, 1979.

[161] Wynne B. Knowledge in context [J]. Science, Technology & Human Values, 1991, 16 (1): 111 -121.

[162] Wynne B. Public understanding of science research: New horizons or hall of mirrors? [J]. Public Understanding of Science, 1992a (1): 37 - 43.

[163] Wynne B. Misunderstood misunderstanding: social identities and public uptake of science [J]. Public Understanding of Science, 1992b (1): 281 -304

[164] Wynne B. Public uptake of science: a case for institutional reflexivity [J]. Public Understanding of Science, 1993 (2): 321 -337.

[165] Wynne B. Public Understanding of Science [A]//Sheila Jasanoff et al. eds. Handbook of science and technology studies. Thousand Oaks: Sage Publications, 1995: 361 -388.

[166] Wynne B. May the sheep safely graze? A reflexive view of the expert - lay knowledge divide [A]//Lash S, Szerszynski B, Wynne B. eds. Risk, Environment and Modernity: Towards a new ecology. London: SAGE Publications Ltd, 1996: 44 -83.

[167] Wynne B. Reflexing Complexity: Post - genomic Knowledge and Reductionist Returns in Public Science [J]. Theory, Culture & Society, 2005, 22 (5): 67 - 94.

[168] Yearley S. Making systematic sense of public discontents with expert knowledge: Two analytical approaches and a case study [J], PUS (9): 105 -122.

[169] Young R M. Natural theology, Victorian periodicals and the fragmentation of a common context [A]//Chant, Fauvel. Darwin to Einstein:

Historical Studies on Science and Belief. Harlow: Longman, 1980.

[170] Ziman J. Real Science: What It Is and What It Means [M]. Cambridge: Cambridge University Press, 2000.

日文文献

[1] 北海道大学科学技術コミュニケーター養成ユニット. はじめよう! 科学技術コミュニケーション [M]. 東京: ナカニシヤ, 2007.

[2] 財団法人日本科学技術振興財団. 科学技術館「財団について」[EB/OL]. <http://www2. jsf. or. jp/00_info/gaiyou. html>. 2008 - 07 - 22.

[3] 朝永振一郎. 科学の高度化とジャーナリヅムの協力 [M]//朝永振一郎著作集 (4). 東京: みすず書房, 1948: 205 - 207.

[4] 宮崎駿. 風の谷のナウシカ (アニメージュコミックスワイド判) [M]. 東京: 徳間書店, 1987.

[5] 宮崎駿. 出発点 1979 ~ 1996 [M]. 東京: 岩波書店. 1996.

[6] 江藤信一, 等. サイエンスカフェ「ばりカフェ」[J]. 科学技術コミュニケーション, 2008 (4).

[7] 金森修, 中島秀人. 科学論の現在 [M]. 東京: 劲草書房, 2002.

[8] 井山弘幸, 金森修. 現代科学論 [M]. 東京: 新曜社, 2000.

[9] 科学技術庁. 科学技術白書 [M]. 昭和 55 年版. 東京: 大蔵省印刷局, 1980.

[10] 本の科学技術第一券 [M]. 東京: 学陽書房, 1995a: 17 - 44.

[11] 中山茂. 科学技術の戦後史 [M]. 東京: 岩波新書. , 1995.

[12] 科学技術庁. 科学技術白書 [M]. 昭和 57 年版. 東京: 大蔵省印刷局, 1983.

[13] 科学技術庁. 科学技術白書 [M]. 平成 5 年版. 東京: 大蔵省印刷局, 1994.

[14] 科学技術庁創立十周年記念行事実行準備委員会. 科学技庁十年史 [M]. 東京: 科学技術庁創立十周年記念行事協賛会発行, 1966.

[15] 科学技術政策研究所. 日本の科学技術政策史 [M]. 東京: 科学技術庁科学技術政策研究所, 未踏科学技術協会, 1990.

［16］ キネマ旬報社．ぼくたちの30年：東映動画からスタジオジブリへ［J］．キネマ旬報，（臨時増刊）：1995：16－25
［17］ 杉山滋郎．水俣病事例における行政とメディアの相互作用［M］//藤垣裕子．科学技術社会論の技法．東京：東京大学出版会，2005：3－20.
［18］ 杉山滋郎．戦前・戦後を駆け抜けた「科学コミュニケーター」［J］//原田三夫．リテラポプリ，2005b（24）：2－3.
［19］ 杉山滋郎．「サイエンス・カフェ」の歴史と理念を紐解く：定着しつつある新しい科学コミュニケーションのかたち」［J］．化学，2007（62）：22－24.
［20］ 杉山滋郎．「大学とサイエンス・コミュニケーション—人材養成ユニットの経験から」［J］．科学技術社会論研究，2008（5）：22－30.
［21］ 手塚治虫．ぼくはマンガ家［N］．毎日新聞社．1969.
［22］ 手塚治虫．フランケンシュタインの巻［M］//鉄腕アトム第1巻，手塚治虫漫画全集（221）．東京：講談社，1979：125－170.
［23］ 手塚治虫．アトム大使の巻［M］//鉄腕アトム第1巻．手塚治虫漫画全集（221）．東京：講談社 1979b.
［24］ 手塚治虫．メトロポリス［M］//手塚治虫漫画全集（44）．講談社，1979c：162.
［25］ 手塚治虫．デッドクロス殿下の巻［M］//鉄腕アトム第8巻．手塚治虫漫画全集（228）．東京：講談社，1980a.
［26］ 手塚治虫．ブラック・ルックスの巻［M］//鉄腕アトム第4巻．手塚治虫漫画全集（224）．東京：講談社，1980b：151－212.
［27］ 手塚治虫．マッド・マシーンの巻［M］．鉄腕アトム第5巻．手塚治虫漫画全集（225）．東京：講談社，1980c：159－178.
［28］ 手塚治虫．幽霊製造機の巻［M］．鉄腕アトム第4巻．手塚治虫漫画全集（224）．東京：講談社，1980d：65－150.
［29］ 手塚治虫，巌谷国士．対話二十世紀の印象：手塚マンガの方法意識［J］．ユリイカ，1983．15（2）：97－127.

[30] 手塚治虫.ぼくのマンガ人生 [M]. 東京: 岩波書店, 1997.

[31] 藤垣裕子. 固い科学観再考 [J]. 思想, 2005a (5): 27 -47.

[32] 藤垣裕子. 科学技術社会論の技法 [M]. 東京: 東京大学出版会. 2005b.

[33] 藤垣裕子, 廣野喜幸. 科学コミュニケーション論 [M]. 東京: 東京大学出版会, 2008.

[34] 文部科学省. 科学週間. [EB/OL] http://stw. mext. go. jp. [2008 -07 -22].

[35] 文部科学省科学技術庁. 科学技術白書 [M]. 昭和 33 年版. 東京: 大蔵省印刷局, 1958.

[36] 小林傳司. 誰が科学技術について考えるのか [M]. 名古屋: 岩坂泰信, 2004.

[37] 伊藤憲二.「エフ氏」と「アトム」—ロボットの表象から見た科学技術観の戦前と戦後 [J]. 科学・技術・社会年報, 2003 (12): 39 -63.

[38] 伊藤憲二. 鉄腕アトムとゴジラ [J]. 科学, 2005 (9): 1055 -1061.

[39] 桜井哲夫. 手塚治虫: 時代と切り結ぶ表現者 [M]. 東京: 講談社, 1990.

[40] 原子力委員会. 昭和 51 年原子力年報 [EB/OL]. http://www. aec. go. jp/jicst/NC/about/hakusho/wp1976/index. htm. 1976.

[41] 中島秀人. 日本の科学技術はどこへいくのか [M]. 東京: 岩波書店. 2006.

[42] 中村征樹.サイエンスカフェー現状と課題 [J]. 科学技術社会論研究, 2008 (5): 31 -42.

[43] 竹内オサム. 手塚治虫論 [M]. 東京: 平凡社, 1992.